高等院校土木工程专业辅导用书

测量学知识要点及实例解析

伊廷华　袁永博　主编

中国建筑工业出版社

图书在版编目（CIP）数据

测量学知识要点及实例解析/伊廷华，袁永博主编．—北京：
中国建筑工业出版社，2012.7
（高等院校土木工程专业辅导用书）
ISBN 978-7-112-14389-4

Ⅰ.①测… Ⅱ.①伊…②袁… Ⅲ.①测量学-高等学校-
教学参考资料 Ⅳ.①P2

中国版本图书馆 CIP 数据核字（2012）第 115255 号

本教学参考书以非测量专业的测量学教学大纲为基础，内容涵盖了测量学的发展、地面点定位方法、测量数据的误差及精度分析、基本元素的采集、坐标测量、小区域控制测量、地形图基本知识、大比例地形图测绘方法、地形图的应用、工程放样方法、工程施工测量等内容的基本知识点、典型例题解析和课后习题精练。

本书可作为高等学校土建、市政、规划、交通、水利等专业的测量学配套教材，供课堂教学和课后复习使用，也可作为相关工程技术人员的参考用书。

* * *

责任编辑：刘婷婷
责任设计：李志立
责任校对：张　颖　王雪竹

高等院校土木工程专业辅导用书
测量学知识要点及实例解析
伊廷华　袁永博　主编
*
中国建筑工业出版社出版、发行（北京西郊百万庄）
各地新华书店、建筑书店经销
北京红光制版公司制版
北京建筑工业印刷厂印刷
*
开本：787×1092 毫米　1/16　印张：8½　字数：201 千字
2012 年 8 月第一版　　2012 年 8 月第一次印刷
定价：**28.00** 元
ISBN 978-7-112-14389-4
（22461）

序

测量学是土木水利工程类专业一门必修的专业基础课，其教学内容体系已延续了多年，随着高校专业目录调整后宽口径人才培养模式的提出和以“3S”为代表的现代测量科学技术的不断进步，测量学课程的地位、作用和内容体系的重点都发生了巨大变化。另一方面，随着土木水利工程各专业面的不断拓宽，测量学教学课时被不断压缩，教学内容与学时的矛盾日益突出，致使学生学习测量学时显得有些吃力。为了使学生能够轻松掌握并强化课堂所学理论知识，对测量学的重要知识点进行提炼和梳理，并配以典型例题进行剖析和讲解是十分必要的。

《测量学知识要点及实例解析》这一教学参考书，由大连理工大学建设工程学部两位从事测量学教学工作的主讲教师编写完成，融合了他们多年的教学经验和心得体会，在该书即将付梓之际，我有幸先睹为快。该书借鉴和吸收了类似教材的精华，按照“大土木”本科人才培养目标的要求，紧密围绕教学大纲的重点内容进行编写，形成了较为鲜明的特色：(1) 实用性。该书对测量学知识内容的讲解，能够以“必需、够用”为原则，避开了繁琐的公式推导和大篇幅的理论分析，注重阐明基本概念、基本原理和基本方法，更加强调实用性和综合性。(2) 层次性。该书对测量学知识点讲解的深度和广度适于非测量学专业本科教学大纲的水平，不偏深、偏难，学生通过对该教材的学习，不但能获得应用基本技术所必需的专业理论，而且能形成持续学习所需的基础理论素质。(3) 综合性。该书依据不同章节的特点，在每章知识点讲解的后面都设置了相应的例题剖析和典型习题，突出了应用性，实现了由理论到实践的阶梯式训练。

该书内容循序渐进、脉络清晰，形成了一个相对完整的结构体系；文字叙述简洁规范、通俗易懂，相信可以成为同学们课后学习和考前复习一个好的帮手。

李宏男

大连理工大学建设工程学部部长
长江学者特聘教授·博士生导师
2012年7月于大连

前　言

教材建设是教学改革的主要环节之一，全面做好教材建设工作，是提高教学质量最重要的根本保证。本教材辅导书是根据高等学校土木水利工程专业指导委员会编制的测量学课程教学大纲的要求，本着培养高素质人才、提高教学质量的目的，结合新形势下土木水利工程学科高等教育的发展趋势，结合作者在多次学术交流、教学研讨、使用修改、反复实践的基础上编写而成。在编写过程中，力求内容重点突出、章节编排合理、理论与应用配合适当；注重强调测量学基础知识、基础理论和基本方法；同时适当地开拓知识面，并注意反映学科前沿的成就、观点和方法；配置的例题和习题主要是为了巩固理论知识、训练学生的解题技巧和提高他们钻研科学的能力。全书共分 11 章。第 1～2 章主要介绍测量学的基本概念、基本理论和空间数据采集方法；第 3 章介绍了测量误差的理论与处理方法；第 4 章重点介绍了测量学的三项基本工作（距离、角度和高差）；第 5 章介绍了当代测绘空间数据采集新设备的基本原理和使用方法；第 6 章介绍了小区域控制测量的方法；第 7 章介绍了地形图的相关知识；第 8 章介绍了大比例尺地形图的基本原理和测绘方法；第 9 章介绍了地形图的阅读和使用方法；第 10 章介绍了工程放样方法；第 11 章介绍了工程施工测量的方法和知识。

本书在编写过程中，学生张杰、王一、王星亮、栾兰和陈金欣做了部分资料的收集和整理工作，是他们的辛勤劳动才使得本辅导书内容丰富、翔实，在此表示衷心的感谢！

本书的出版得到了大连理工大学教材建设出版基金项目（JC201135）、大连理工大学院系大类核心课程建设项目，以及中国建筑工业出版社的大力支持，在此表示衷心感谢！

由于作者水平十分有限，书中难免有疏漏和不足之处，衷心希望读者批评指正。

2012 年 7 月

目　　录

第1章　绪　　论

1.1　知识要点

本章主要介绍测量学研究的实质，主要内容，分类和任务，测量工作的原则和程序，测量技术的发展，测量与工程建设的关系和测绘在土木专业的应用。

测量工作的中心和实质是确定地面点空间位置。具体的内容包括测定和测设两部分。测定是指用测量仪器通过对地球表面上的点进行测量，从而获得一系列的测量数据，或根据测得的数据将地球表面的地形缩绘成地形图，如图1-1（*a*）的点A（实地）→A（图纸）、点B（实地）→B（图纸）等过程；测设是指把图纸上规划设计好的建筑物、构筑物的位置通过测量在地面上标定出来，如图1-1（*b*）的房角点1（规划图纸）→1（实地）过程。

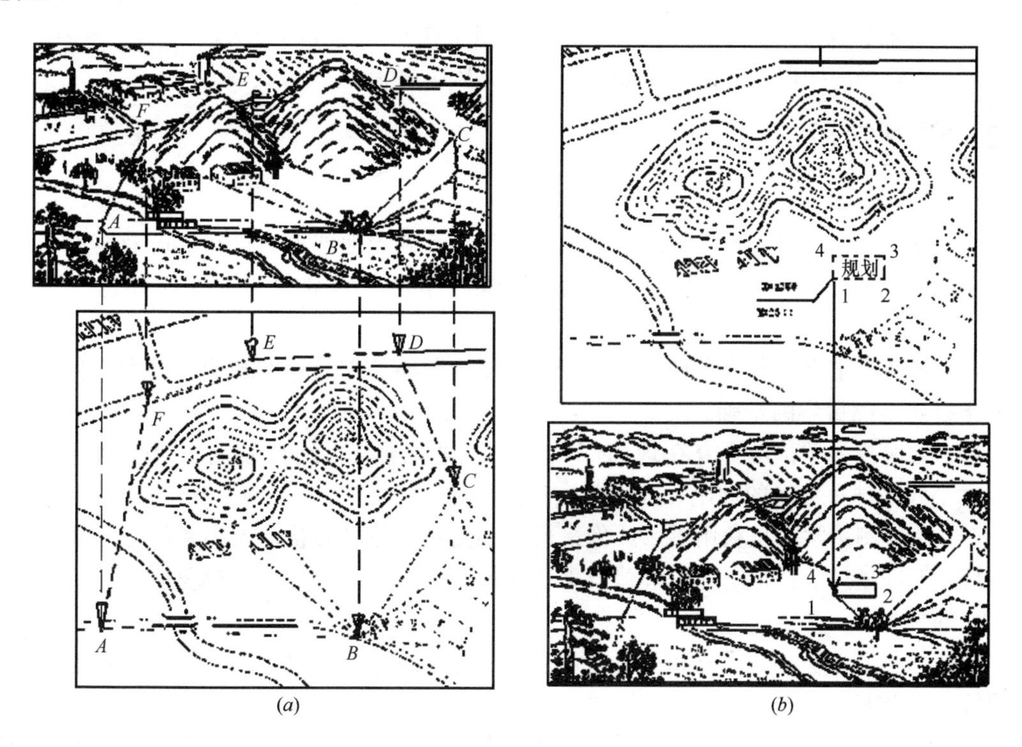

图1-1　测定与测设的关系

（*a*）测定；（*b*）测设

在实际测量工作中，为防止测量误差的积累，应遵循的基本原则是，在测量布局方面要“从整体到局部”；在工作程序方面要“先控制后碎部”；在精度控制方面要“由高级到低级”。另外，对测量工作的每个工序，都必须坚持“边工作边检核”，以确保测量成果精确可靠。

对于土建类专业的学生，通过本课程的学习，应掌握下列有关测定和测设的基本内容：

(1) 地形图测绘。运用各种测量仪器、软件和工具，通过实地测量与计算，把小范围内地面上的地物、地貌按一定的比例尺测绘成图。

(2) 地形图应用。在工程设计中，从地形图上获取设计所需要的资料，例如点的坐标和高程，两点间的水平距离、地块的面积、土方量、地面的坡度、地形的断面和进行地形分析等。

(3) 施工放样。将图上设计的建（构）筑物标定在实地上，作为施工的依据。

(4) 变形观测。监测建（构）筑物的水平位移和垂直沉降，以便采取措施，保证建筑物的安全。

土建类各专业的学生，学完本课程之后，在业务上应达到如下基本要求：

(1) 掌握本课程的3个测量基本内容（基本理论、基本知识、基本技能）；

(2) 掌握工程水准仪、经纬仪、全站仪等测量仪器的使用；

(3) 了解大比例尺数字地形图的成图原理和方法并能熟练地阅读和使用地形图；

(4) 具有运用所学测量知识解决土建工程中实际测量问题（如建筑现场施工测量等）的能力，并能从设计和工程技术的角度，对测量工作提出合理的要求；

(5) 了解当前国内外测量技术和设备（如GPS）的新成就和发展方向。

1.2 例题解析

1.2.1 名词解释

(1) 测量学：是研究地球的形状和大小并描述和确定地球表面自然形态及要素和地面上人工设施的形状、大小、空间位置及其属性的学科。测量学的主要任务包括测定和测设。

(2) 普通测量学：是研究地球表面较小区域内测绘工作的基本理论、技术、方法和应用的学科，是测量学的基础。

(3) 大地测量学：是研究在地面广大区域上建立国家大地控制网，研究确定地球形状、大小和地球重力场的理论、技术与方法的学科。

(4) 摄影测量学：是利用摄影成像来研究和测定物体的形状、大小和位置的学科。

(5) 工程测量学：是研究工程建设项目在勘测设计、施工和管理阶段所进行的各种测量工作的学科。

(6) 海洋测量学：是研究和测量地球表面水体（海洋、江河、湖泊等）及水下地貌的一门综合性学科。

(7) 测定：是指用测量仪器通过对地球表面上的点进行测量，从而获得一系列的测量数据，或根据测得的数据将地球表面的地形缩绘成地形图的过程。

(8) 测设：是指把图纸上规划设计好的建筑物、构筑物的位置通过测量在地面上标定出来的过程。

(9) 控制网：由测量控制点组成的几何图形称为控制网。

1.2.2 简答题

(1) 什么是测量学？测定和测设有何区别？

测量学是研究地球的形状和大小并描述和确定地球表面自然形态及要素和地面上人工设施的形状、大小、空间位置及其属性的学科。

测定——使用测量仪器和工具，通过测量与计算将地物和地貌的位置按一定比例尺、规定的符号缩小绘制成地形图，供科学研究与工程建设规划设计使用。

测设——将在地形图上设计建筑物和构筑物的位置在实地标定出来，作为施工的依据。

(2) 何谓现代测绘学？现代测量技术发展有哪些特点？

现代测绘学是指对空间数据的测量、分析、管理、存储和综合研究的学科，这些空间数据来源与地球卫星、空载和船载的传感器以及地面上各种测量技术，并利用计算机的硬件和软件对这些空间数据进行处理和使用。

特点：以 GPS、RS、GIS 技术及其集成为核心，光缆通信、卫星通信、数字化多媒体网络技术为辅助的多学科交叉。

(3) 测量学科具体分为哪几类？具体定义是什么？

测量学是研究地球的形状和大小并描述和确定地球表面自然形态及要素和地面上人工设施的形状、大小、空间位置及其属性的学科。

可分为普通测量学、大地测量学、摄影测量学、工程测量学、海洋测量学。

(4) 测量学的任务是什么？

第一，在已知地球的形状、大小及其重力场的基础上建立一个统一的地球坐标系统，用以表示地球表面及其外部空间任一点在这个地球坐标系中的准确几何位置。

第二，有了大量地面点的坐标和高程，就可以此为基础进行地表形态的绘制工作，包括地表的各种自然形态，如水系、地貌、土壤和植被的分布，也包括人类社会活动所产生的各种人工形态，如居民地、交通线和各种建筑物的位置。

第三，以上用测量仪器和测量方法所获得的自然界和人类社会现象的空间分布、相互联系及其动态变化的信息，最终要以地形图的形式反映和展示出来。

第四，各种经济建设和国防工程建设的规划、设计、施工和建筑物建成后的运营管理等都需要进行相应的测绘工作，并利用测绘资料引导工程建设的实施，监视建筑物的变形。

第五，在海洋环境（包括江河湖泊）中进行的测绘工作，同陆地测量有很大区别。

(5) 测量工作的实质是什么？测定地面点位的基本观测量是什么？

测量工作的实质是测定地面点的平面位置（x，y）与高程（H）。测定地面点的基本观测是距离、角度和高差。其中距离包括水平距离和斜距，角度包括水平角和竖直角。

(6) 测量记录和计算的基本要求是什么？

1) 测量记录的基本要求：原始真实，数字正确，内容完整，字体工整。

2) 测量计算的基本要求：依据正确，方法科学，计算有序，步步校核，结果可靠。

(7) 测量工作的基本原则是什么？

从整体到局部——测量控制网布设时，应按从高等级向低等级的方法布设，先布设上一级网，再布设下一级网；上一级网控制下一级，下一级是上一级的加密。

先控制后碎部——测量地物或地貌特征点三维坐标称为碎部测量，碎部测量应在控制点上安置仪器测量，因此碎部测量之前，应先布设控制网，进行控制测量，测量出控制点的三维坐标。

为了防止测量误差逐级传递，避免误差累积增大到不能容许的程度，要求测量工作遵行在布局上“由整体到局部”，在精度上“由高级到低级”，在次序上“先控制后碎部”的原则，在测量检核上是“步步工作有检核”的原则。

(8) 测绘地形图应遵循什么基本原则？为何必须遵守这些原则？

测量布局方面要“从整体到局部”；在工作程序方面要“先控制后碎部”；在精度控制方面要“由高级到低级”。

遵循“由整体到局部”或“先控制后碎部”的原则，在测量检核上是“步步工作有检核”的原则。

这样做可以使测量误差分布比较均匀制图精度得到保证，而且可以分幅测绘、平行作业，加速测图速度，使整个测区连成一个完整实体出图。

(9) 测量工作的基本步骤是什么？

1) 技术设计

技术设计是从技术上可行、实践上可能和经济上合理三方面，对测绘工作进行总体策划，选定出优化方案、安排好实施计划。

2) 控制测量

其任务是先在全国布设高等级平面控制网和高程控制网，测定控制点的平面坐标和高程，作为全国的控制骨架，然后根据国民经济建设的需要，分区、分期进行加密控制测量，作为测量工作的控制基础。

3) 碎部测量或细部测量

在地形图测绘中，决定地形、地貌的特征点称为地形特征点，也称碎部点。碎步测量的任务是测定地貌、地物特征点的平面坐标和高程。特征点的平面坐标和高程是由邻近的控制点确定的，用多个特征点的空间位置，可以真实地描述地物、地貌的空间形态和分布。

细部放样即测设。对于测设，控制测量完成后，即可以进行细部放样。细部放样的任务是将图纸上设计的建（构）筑物的几何元素标定到实地，作为施工依据。

4) 检查和验收测量成果

测量成果必须验收合格后才能交付使用。

以上步骤中，有些工作必须在野外进行，称为外业，主要任务是信息（数据、图像等）采集；有些工作可在室内进行，称为内业，主要任务是信息加工（数据处理和绘图）。

(10) 建筑工程测量的任务是什么？

1) 测绘地形图

按照一定的测量程序，测定一些主要的地面特征点和特征线，根据测图比例尺的要求和国家规定的图式符号，就可将建筑物的形状和大小，地面起伏状态和固定物体，缩小绘制成地形图，这项工作叫做测绘地形图。

2) 建筑物施工放样

根据建筑物的设计图，按设计要求，通过测量的定位放线，将建筑物的平面位置和高程标定到施工的作业面上，作为施工的依据，这项工作叫做建筑物的施工放样。

1.3 思考练习

（1）简述测量学的定义及其任务。

（2）测量工作的原则是什么？简述测量工作必须服从这些原则的理由。

（3）测定与测设的区别是什么？

（4）何谓现代测绘学？现代测量技术发展有哪些特点？

第 2 章　地面点定位方法

2.1　知识要点

本章主要介绍测量的基准面与坐标系统，地球曲率对测量工作的影响，简要说明获取地面点空间位置的数学方法，具体方法以后章节会详细讲解，介绍了水下地形点的测量方法。

（1）测量工作的基准线是铅垂线，基准面是大地水准面，二者之间关系如图 2-1 所示。

（2）参考椭球面：测量学中把拟合地球总形体的旋转椭球面称为总地球椭球面，把拟合某一区域的旋转椭球面称为参考椭球面，如图 2-2 所示。我国目前采用的是 1980 年国家大地坐标系，由此建立的平面坐标系统称为“80 西安坐标”（80 国家大地坐标）。

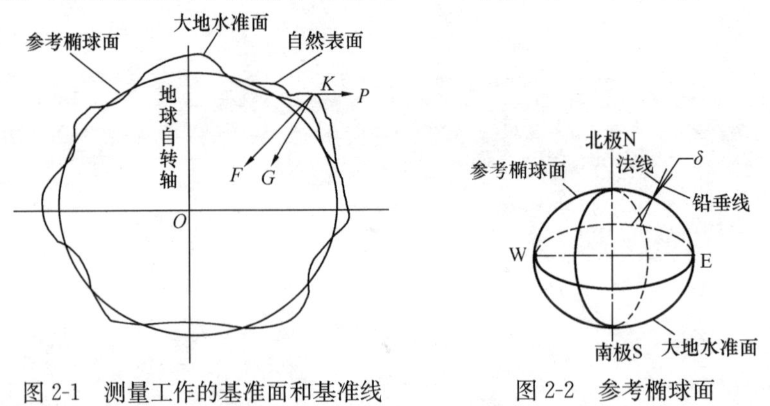

图 2-1　测量工作的基准面和基准线　　图 2-2　参考椭球面

（3）我国目前采用的高程基准面为“1985 国家高程基准”，它是根据青岛验潮站1952～1979 年的观测资料所确定的黄海平均水平面（其高程为零）作为起算面的高程系统。

（4）地面点位坐标系分为天文地理坐标、大地地理坐标、地心坐标、高斯直角坐标和独立坐标系。

（5）高斯投影：又称横轴椭圆柱等角投影。它是想象有一个椭圆柱面横套在地球椭球体外面，并与某一条子午线（此子午线称为中央子午线或轴子午线）相切，椭圆柱的中心轴通过椭圆柱体中心，然后用一定投影方式，将中央子午线两侧各一定经度范围内的地区投影到椭球柱面上，再将此柱面展开即成为投影面。高斯投影的实质是椭圆上微小区域的图形投影到平面上后仍然与原图形相似，即不改变原图形的形状，如图 2-3 所示。

（6）地面点的高程、相对高程和绝对高程，三种高程之间关系如图 2-4 所示。

1）高程：地面点沿投影方向（即铅垂方向）到高程基准面的距离称为高程。

2）绝对高程：地面点至大地水准面的铅垂距离，称为该点的绝对高程或海拔。

3）相对高程：地面点至假定水准面的铅垂距离，称为该点的相对高程或假定高程。

（7）6°分带法：为控制由球面正形投影到平面引起的长度变形，高斯投影采取分带投

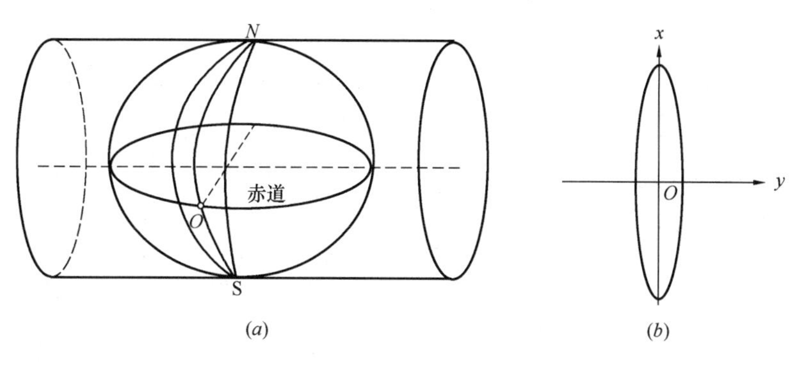

图 2-3 高斯投影示意图

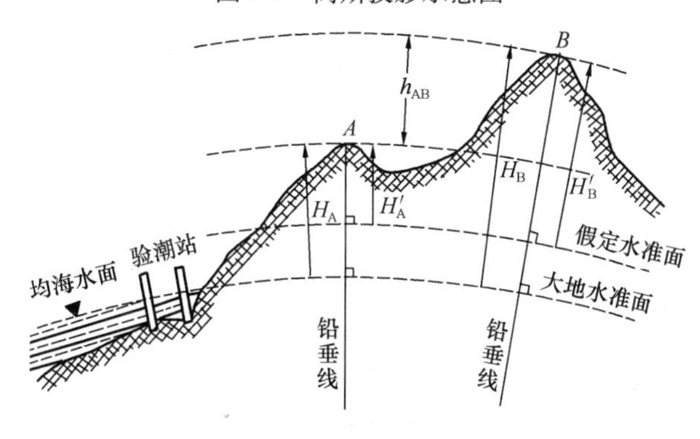

图 2-4 地面点高程

影的方法，使每带区域内的最大变形能够控制在测量精度允许的范围内。通常采取 6°分带法，即从格林尼治首子午线起经差每隔 6°划分为一个投影带，由西向东将椭球面等分为 60 带，并依次编排带号 N。位于各带边上的子午线称为分界子午线，位于各带中央的子午线称为中央子午线。6°带中央子午线的经度为 $l_0 = 6N - 3$，如图 2-5 所示。

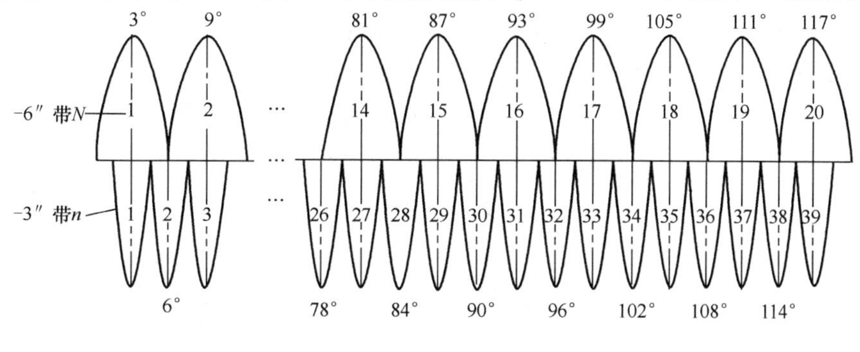

图 2-5 6°及 3°分带法

(8) 3°投影带：从首子午线起，每隔经度 3°为一带，自西向东将整个地球划分为 120 个投影带，带号从首子午线开始，用阿拉伯数字表示。第一个 3°带的中央子午线的经度为 0°，任意带的中央子午线经度 L 与投影带号 N 的关系为：$L=3N$，反之，已知地面任一点的经度 L，要计算该点所在的统一 3°带的编号为：$N=\text{Int}(L/3+0.5)$，其中 Int 为取整函数，如图 2-5 所示。

(9) 地球曲率会对测量工作中点位的距离、高程、角度产生影响，如图 2-6 所示。

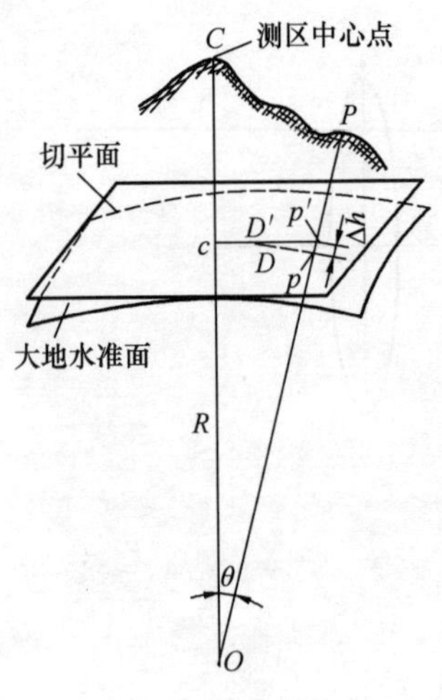

图 2-6 水平面代替曲面误差

1）对距离测量的影响：用水平面代替曲面会引起距离测量的误差。由计算得，在半径为 10km 的范围内可以不考虑地球曲率对水平距离的影响。

2）对高程测量的影响：高程误差与距离的平方成正比，当距离为 1km 时，高程误差就有 8cm，这是高程测量不允许的，故高程测量时，必须顾及地球曲率的影响。

3）对角度测量的影响：由计算得，一般不考虑地球曲率对角度测量的影响。

（10）获取点的坐标方法：

1）极坐标法

如图 2-7 所示，选取某坐标已知点 O 为极点（测站点），其坐标为（x_0，y_0），点 O 与另一互相通视的已知点 A 的连线构成极轴（或称零方向线），点 P（x_p，y_p）为待求点，则得以测站 O 上求算点 P 的极坐标形式为 ρ（D，β），其中 OP 水平距离 D 和 OA、OP 夹角 β 可以通过外业测量获得。为了满足计算机作图的需要，可把由极坐标形式下采集的测点按（2-1）式转换成直角坐标形式。

$$\begin{cases} x = x_0 + D\cos(\alpha_0 + \beta) \\ y = y_0 + D\cos(\alpha_0 + \beta) \end{cases} \tag{2-1}$$

式中，α_0 为在统一测量直角坐标系中极轴 OA 与 x 轴的夹角，又称为测站零方向线的坐标方位角。

2）直角坐标法

全站仪和全球定位系统（GPS）等新出现的测量仪器可以直接测出地面点位的三维直角坐标。因此，若使用全站仪或全球定位系统，确定地面点位的基本工作可简化为直角坐标测量。测量时，应注意采点时测量坐标系统的选择或定义。

3）交会法

设 A（x_A，y_A），B（x_B，y_B）为坐标已知的且互相通视的地面两点，P（x_p，y_p）为地面待求的未知点，可以根据测量设备和观测对象条件选择如下交会法：

（a）角度交会法

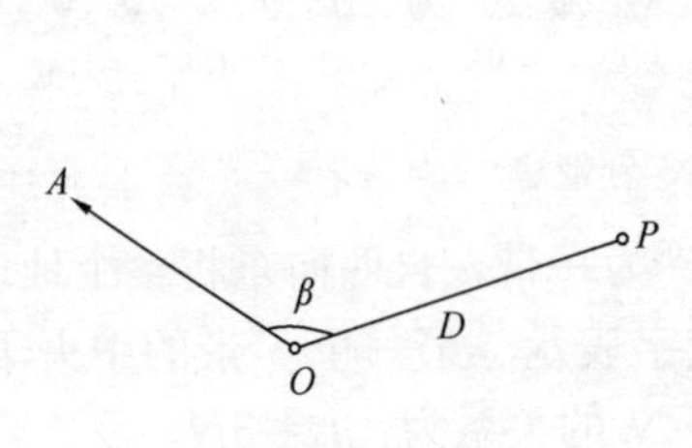

图 2-7 极坐标法

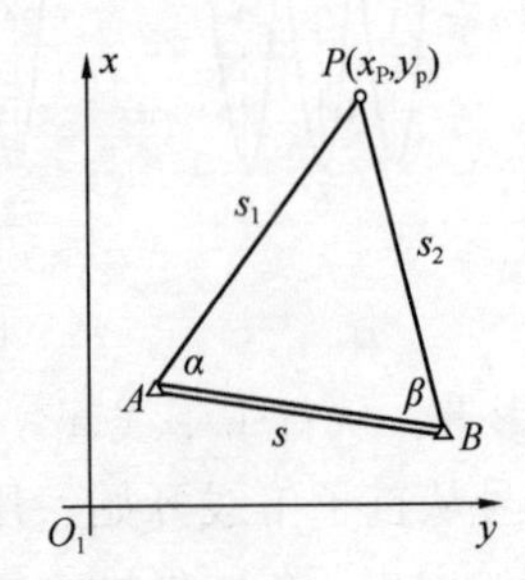

图 2-8 角度（边角）交会

如图 2-8 所示，在已知控制点 A、B 上，由经纬仪分别瞄准点 P，并测出∠PAB 和∠PBA 的水平角 α、β，则按前方交会公式（2-2）得点 P 坐标为

$$\begin{cases} x_{\mathrm{P}} = \dfrac{x_{\mathrm{A}}\cot\beta + x_{\mathrm{B}}\cot\alpha + \Delta y_{\mathrm{AB}}}{\cot\alpha + \cot\beta} \\ y_{\mathrm{P}} = \dfrac{y_{\mathrm{A}}\cot\beta + y_{\mathrm{B}}\cot\alpha + \Delta x_{\mathrm{AB}}}{\cot\alpha + \cot\beta} \end{cases} \tag{2-2}$$

角度交会法适用于高耸建筑物及人难以到达的地方，如电视塔、烟囱等点位的测量。

(b) 距离交会法

距离交会法适用于全站仪作业或场地平整、量距短的钢尺作业。如图 2-9 所示，已知 AB 水平距离为 s，测得 AP、BP 水平距离分别为 s_1、s_2，则利用距离交会公式（2-3），可以获得到点 P 坐标。

$$\begin{cases} x_{\mathrm{P}} = x_{\mathrm{A}} + \dfrac{q\Delta x_{\mathrm{AB}} + h\Delta y_{\mathrm{AB}}}{s} \\ y_{\mathrm{P}} = y_{\mathrm{A}} + \dfrac{q\Delta y_{\mathrm{AB}} + h\Delta x_{\mathrm{AB}}}{s} \end{cases} \tag{2-3}$$

式（2-3）中 $q = \dfrac{s^2 + s_1^2 + s_2^2}{2s}$，$h = \pm\sqrt{s_1^2 - q^2}$，（当 ΔAPB 顺时针编号时取正，反之取负）。

(c) 边角交会法

如图 2-8 所示，已知 AB 水平距离为 s，若观测 AP 边的水平距离为 s_1，$\angle PAB$ 的水平角为 α，则按正弦定理可以推出 β 大小，如式（2-4）所示。

$$\beta = \operatorname{arccot}\frac{s - s_1\cos\alpha}{s_1\sin\alpha} \tag{2-4}$$

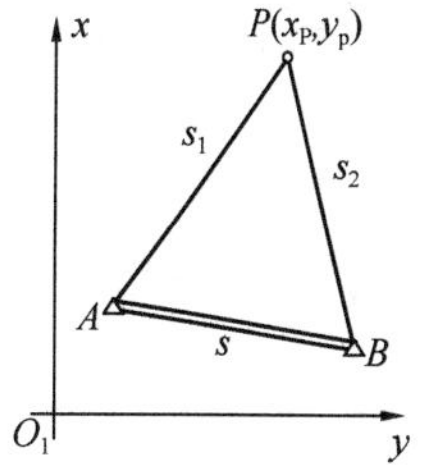

然后代入式（2-2）即可求出点 P 的平面坐标。

图 2-9 距离交会法

边角交会法形式多样、灵活，在工程实践中经常用到。

4) 摄影测量法

摄影测量法是利用影像点坐标（x，y）和相机的相关参数，通过一定的数学手段，将其转换成大地坐标（X，Y，Z）的方法，如式（2-5）所示。近些年，随着遥感技术的发展和 GIS 地理信息系统建设的需要，以数字摄影测量技术为代表的影像坐标解算方法已成为获取地面点坐标的主要手段。

$$\begin{cases} X = f_1(x, y) \\ Y = f_2(x, y) \\ Z = f_3(x, y) \end{cases} \tag{2-5}$$

式（2-6）就是摄影测量中描述两种坐标关系的基本数学模型，或称共线方程。

$$\begin{cases} x - x_0 = -f\dfrac{a_1(X - X_0) + b_1(Y - Y_0) + c_1(Z - Z_0)}{a_3(X - X_0) + b_3(Y - Y_0) + c_3(Z - Z_0)} \\ y - y_0 = -f\dfrac{a_2(X - X_0) + b_2(Y - Y_0) + c_2(Z - Z_0)}{a_3(X - X_0) + b_3(Y - Y_0) + c_3(Z - Z_0)} \end{cases} \tag{2-6}$$

式中 f——摄影机焦距；

（x_0，y_0）——像片主点坐标；

$\{a_1\ b_1\ c_1\}$——与像片空间定向元素有关的系数矩阵；

$\{X_0\ Y_0\ Z_0\}$ ——摄影机中心大地坐标。

（11）获取点高程的方法：

1）水平视线法

几何水准测量利用一条水平线（与高程基准面平行）可以间接获取待求点高程，其中以光学视线（包括可见激光）为水平视线的方法，称几何水准法。

几何水准测量是高程测量中精度最高、用途最广、使用最普遍的一种测量方法。如图2-10所示，欲得到地面点 A 到点 B 的高差，分别在 A、B 两点竖立水准尺，利用水准仪提供的一条水平视线，截取尺上读数 a、b，则 A、B 两点的高差为

$$h_{AB} = a - b \tag{2-7}$$

式（2-7）中，若 $a>b$，h_{AB} 为正，表示点 B 高于点 A；若 $a<b$，h_{AB} 为负，表示点 B 低于点 A。

若点 A 的高程 H_A 已知，则 a 称为后视读数，点 A 称后视点，b 称为前视读数，点 B 称为前视点。待定点 B 的高程 H_B，可通过 H_A 和 h_{AB} 由式（2-8）求得。

即
$$H_B = H_A + H_{AB} = H_A + (a - b) \tag{2-8}$$

水平视线也可由激光提供，采用这种光源进行水准测量的方法称为激光水准法，主要用于建筑工程和变形监测中。

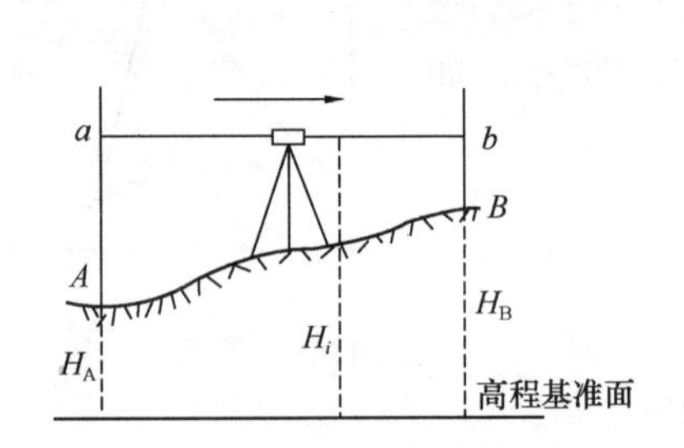

图 2-10　几何水准测量

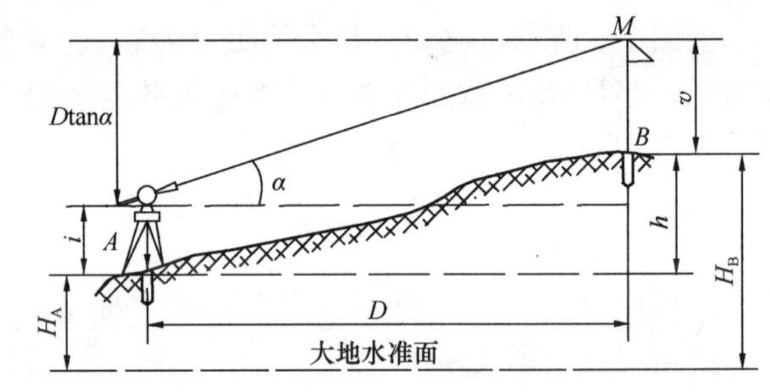

图 2-11　三角高程测量

2）三角几何法

利用三角函数关系，也可以获取 A、B 两点的高差。三角高程测量是根据两点的水平距离和竖直角，计算两点的高差。如图2-11所示，已知点 A 的高程 H_A，欲测定点 B 的高程 H_B，可在点 A 安置经纬仪，在点 B 竖立标杆，用望远镜中丝瞄准标杆的顶点，测得竖直角 α，量出仪器高 i 及标杆高 v，再根据测量的 AB 之平距 D，由式（2-9）算出 AB 的高差：

$$h = D\tan\alpha + i - v \tag{2-9}$$

结合式（2-8），可由式（2-10）得到点 B 的高程

$$H_B = H_A + h = H_A + D\tan\alpha + i - v \tag{2-10}$$

高程测量还可借助物理手段，包括气压测高、液体水准测量等。

（12）水下地形点的测量方法

1）水位观测及计算公式如式（2-11）所示

$$H' = H_0 + a(t) \tag{2-11}$$

2）水深测量

回声测深仪可以完成水深测量任务，基本原理是，假设声波在水中的传播速度为 v，在换能器探头加载脉冲声波信号后，声波经探头发射到水底，并由水底反射回来，被探头接收，测得声波信号往返行程所经历的时间为 t，则

$$h=\frac{1}{2}vt \tag{2-12}$$

式（2-12）中，h 是从换能器探头到水底的深度。

利用测深仪可获得换能器到水底的距离 h，考虑换能器入水深度 h_0，如图 2-12 所示，则水下地形点高程：

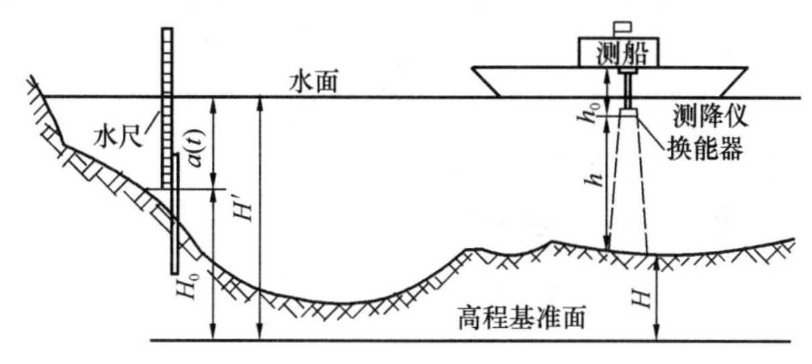

图 2-12　水下高程测量

水下高程测量计算公式如式（2-13）所示

$$H=H'-h-h_0 \tag{2-13}$$

3）平面定位测量

平面测量方法包括断面索法、经纬仪角度前方交会法、微波定位法及 GPS 坐标法等。

2.2　例题解析

2.2.1　名词解释

（1）水准面：当水处于静止状态时，其表面必然处处与铅垂线垂直，我们称水在静止时的表面为水准面。

（2）水平面：与水准面相切的平面称为水平面。

（3）大地水准面：通常把通过平均海水面并向大陆、岛屿延伸而形成的闭合曲面称为大地水准面。

（4）大地体：大地水准面包裹的地球形体为大地体。

（5）总地球椭球面：测量学中把拟合地球总形体的旋转椭球面称为总地球椭球面。

（6）参考椭球面：测量学中把拟合一个区域的旋转椭球面称为参考椭球面。

（7）子午面：地面点与地球南北极的共面称为过该点的子午面。

（8）赤道面：通过地心 O 垂直于地球自转轴的平面为赤道面。

（9）子午线：子午面与地球表面相交的线为子午线。

（10）赤道：赤道面与地球面相交的线为赤道。

（11）分界子午线：位于各带边上的子午线，称为分界子午线。

（12）中央子午线：位于各带中央的子午线，称为中央子午线。

（13）高程：地面点沿投影方向（即铅垂方向）到高程基准面的距离称为高程。

（14）绝对高程：地面点至大地水准面的铅垂距离，称为该点的绝对高程或海拔。

(15) 相对高程：地面点至假定水准面的铅垂距离，称为该点的相对高程或假定高程。

(16) 水平视线法：利用一条水平线（与高程基准面平行）可以间接获取待求点高程，其中以光学视线（包括可见激光）为水平视线的方法，称几何水准法。

(17) 地理坐标系：用经纬度表示点在地球表面的位置（格林尼治天文台的经线为0°经线，纬度以赤道为0°）。

(18) 平面直角坐标系：即高斯平面坐标系，我国采用高斯投影。

(19) 高斯投影：又称横轴椭圆柱等角投影。它是想象有一个椭圆柱面横套在地球椭球体外面，并与某一条子午线（此子午线称为中央子午线或轴子午线）相切，椭圆柱的中心轴通过椭圆柱体中心，然后用一定投影方式，将中央子午线两侧各一定经度范围内的地区投影到椭球柱面上，再将此柱面展开即成为投影面。高斯投影的实质是椭圆上微小区域的图形投影到平面上后仍然与原图形相似，即不改变原图形的形状。

(20) 分带投影：高斯投影是将地球按照经线划分成若干带分带投影，带宽用投影带两边缘子午线的经线差表示，通常带宽为6°和3°。国际上对6°和3°带投影的中央子午线经度有统一规定，满足这一规定的投影称为统一6°带投影和统一3°带投影。

(21) 统一6°投影带：从首子午线起，每隔经度6°为一带，自西向东将整个地球划分为60个投影带，带号从首子午线开始，用阿拉伯数字表示。第一个6°带的中央子午线的经度为3°，任意带的中央子午线经度L与投影带号N的关系为：$L=6N-3$，反之，已知地面上一点的经度L，要计算该点所在的统一6°带的编号为：$N=\mathrm{Int}\left((L+3)/6+0.5\right)$，其中Int为取整函数。

(22) 统一3°投影带：从首子午线起，每隔经度3°为一带，自西向东将整个地球划分为120个投影带，带号从首子午线开始，用阿拉伯数字表示。第一个3°带的中央子午线的经度为0°，任意带的中央子午线经度L与投影带号N的关系为：$L=3N$，反之，已知地面上一点的经度L，要计算该点所在的统一3°带的编号为：$N=\mathrm{Int}(L/3+0.5)$，其中Int为取整函数。

2.2.2 简答题

(1) 什么是测量工作地基准线、基准面？

铅垂线是重力作用线，也是测量工作的基准线。

大地水准面是通过平均海水面的水准面，也是测量工作地基准面。

(2) 在工程中采用的平面直角坐标系有哪几种？使用场合？它们与数学平面直角坐标系的异同？

在工程中采用的平面直角坐标系有三种：

1) 高斯平面直角坐标系。当测区面积较大时，不能把球面看成平面。通常采用高斯投影的方法将球面坐标和图形转换成相对应的平面坐标和图形。根据高斯投影建立起来的平面直角坐标系，称为高斯平面直角坐标系。

2) 小区域的测量平面直角坐标系。测区范围较小（如小于100km^2），可以把球面看成平面。

3) 施工坐标系。在建筑工程中，为了设计和施工方便，使采用的平面直角坐标系的坐标轴与建筑物的主轴平行，把它称为施工坐标系。

测量平面直角坐标系与数学平面直角坐标系的异同：

1）测量坐标系纵坐标为 x 轴，指向北；横坐标为 y 轴，指向东。

2）坐标象限的编号按顺时针方向分为四个象限。极角起算从 x 轴北方向开始，顺时针方向转到直线的水平角。

3）数学上的平面三角和解析几何公式在测量平面直角坐标系中不作任何改变就可以使用。

（3）什么是“1985 国家高程基准”、地方高程系、建筑物高程系？

1）“1985 国家高程基准”：我国在 1987 年规定，以青岛验潮站在 1952～1979 年间所测定的黄海平均海水面作为全国高程的起算面。

2）地方高程系：在国家高程基准没有建立之前，各地方自己建立的高程系称为地方高程系。

3）建筑物的高程系：一般将建筑物首层地面定为高程起算面，其高程±0.000，称为建筑物的高程系。

（4）大地坐标系是大地测量的基本坐标系，其优点表现在什么方面？

要点：以旋转椭球体建立的大地坐标系，由于旋转椭球体是一个规则的数学曲面，可以进行严密的数学计算，而且所推算的元素（长度、角度）同大地水准面上的相应元素非常接近。

（5）什么是点的绝对高程、相对高程、高差？

1）绝对高程：地面点到大地水准面的铅垂距离，用 H 表示。

2）相对高程：地面点到某一假定水准面的铅垂距离，用 H' 表示。

3）高差：地面两点的高程之差，用 h 表示。

（6）什么是高斯投影？为何采用分带投影？

要点：高斯投影又称横轴椭圆柱等角投影。它是想象有一个椭圆柱面横套在地球椭球体外面，并与某一条子午线（此子午线称为中央子午线或轴子午线）相切，椭圆柱的中心轴通过椭圆柱体中心，然后用一定投影方式，将中央子午线两侧各一定经度范围内的地区投影到椭球柱面上，再将此柱面展开即成为投影面。

由于采用了同样法则的分带投影，这既限制了长度变形，又保证了在不同投影带中采用相同的简便公式和数表进行由于变形引起的各项改正的计算，并且带与带间的互相换算也能采用相同的公式和方法进行。

2.2.3 计算题

（1）某测区按假定的高程系统测得 A、B、C 三点的高程为 $H'_A=10.386\text{m}$、$H'_B=9.563\text{m}$、$H'_C=8.601\text{m}$，以后与国家高程系统相连，得 C 点高程为 $H'_C=5.678\text{m}$，试求 A、B 点在国家高程系统中的高程。

【解析】

$$H_A = H_C + (H'_A - H'_C) = 5.678 + (10.386 - 8.601) = 7.463\text{m}$$

$$H_B = H_C + (H'_B - H'_C) = 5.678 + (9.563 - 8.601) = 6.640\text{m}$$

（2）已知某点位于高斯投影 6°带第 20 带，该点在该投影带高斯平面直角坐标系中的横坐标 $y=-209583.46\text{m}$，写出该点不包含负值且能区分投影带号的横坐标 y 及该带的中央子午线经度 λ_0。

【解析】

1）坐标原点移动后 $y = 500000 - 209583.46 = 290416.54\text{m}$

为了区别点所在的投影带，在横坐标值前应加注带号，某点在第 20 带，则应写为 $y = 20290416.54\text{m}$

2）任一带中央子午线的经度与带号 N 的关系为 $\lambda_0 = 6N - 3$

则 $\lambda_0 = 117°$

2.3 思考练习

2.3.1 名词解释

（1）大地水准面

（2）旋转椭球面

（3）中央子午线

（4）高斯平面直角坐标

（5）高斯投影

（6）绝对高程

（7）相对高程

2.3.2 简答题

（1）测量学的平面直角坐标系是怎样建立的？它与数学上的平面直角坐标系有何不同？

（2）设我国某处点 A 的横坐标 $Y = 19689513.12\text{m}$，问该坐标值是按几度带投影计算而得的？点 A 位于第几带？点 A 在中央子午线的东侧还是西侧，距中央子午线多远？

（3）现在我国统一采用的高程系统叫什么？高程原点在哪里？大小是多少？

（4）测量的 3 个基本要素是什么？测量的 3 项基本工作是什么？

（5）测量工作中用水平面代替水准面时，地球曲率对距离、高差的影响如何？

（6）测量地面点平面位置和高程方法一般有哪些，各有什么特点？

（7）简述水下地形点测量的主要内容。

（8）绝对高程和相对高程的基准面是什么？

（9）简述铅垂线、水准面、大地水准面、参考椭球系、法线的概念。

2.3.3 计算题

（1）已知某点所在高斯平面直角坐标系中的坐标为：$x = 4345000\text{m}$，$y = 19483000\text{m}$。问该点位于高斯 6°分带投影的第几带？该带中央子午线的经度是多少？该点位于中央子午线的东侧还是西侧？

（2）某地区采用独立的假定高程系统，已测得 A、B、C 三点的假定高程为：$H'_A = +6.500\text{m}$，$H'_B = \pm 0.000\text{m}$，$H'_C = -3.254\text{m}$。今由国家水准点引测，求得 A 点高程为 $H_A = 417.504\text{m}$，试计算 B 点、C 点的绝对高程是多少？

（3）已知 A 点高程 $H_A = 100.905\text{m}$，现从 A 点起进行 A－1－2 的往返水准测量。往测高差分别为

$h_{A1} = +0.905\text{m}$，$h_{12} = -1.235\text{m}$；返测高差 $h_{21} = +1.245\text{m}$，$h_{1A} = -0.900\text{m}$，试求 1、2 两点的高程。

（4）如图 2-13 所示，已知地面水准点 A 的高程为 H_A =4000m，若在基坑内 B 点测设 H_B =30. 000m，测设时 a=1. 415m，b=11. 365m，a_1 =1. 205，问当 b_1 为多少时，其尺底即为设计高程 H_B?

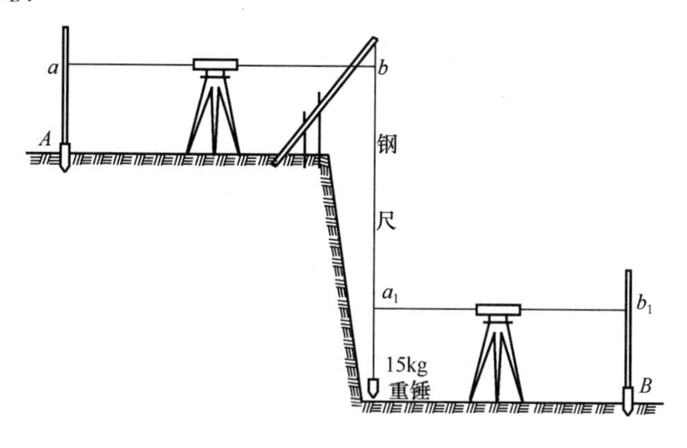

图 2-13　题（4）图

第 3 章　测量数据的误差及精度分析

3.1　知识要点

（1）误差的来源有四个方面：仪器误差、人的因素（包括观察者的感官及技术熟练程度等)、外界环境及观测条件。

（2）误差分为三大类：系统误差、偶然误差、粗差。

（3）偶然误差：在相同观测条件下，偶然误差的分布是确定的，具有统计上的规律性，且不可避免，任何观测值中都包含或大或小的偶然误差。

（4）系统误差：具有某种规律的误差，可以用仪器的检验校正、计算改正及在观测时采取相应的措施加以减弱或消除。

（5）粗差：失误等原因引起的个别大误差。

（6）真误差与剩余误差：若某一观测值的真值为 $\widetilde{L}$，观测值为 L，定义真误差 Δ 为：

$$\Delta = L - \widetilde{L} \tag{3-1}$$

在实际中，由于真值未知，故选择一个较好的估值 $\hat{L}$ 作为真值的近似值，定义或然误差或残差 ν 为：

$$\nu = \hat{L} - \mathrm{L} \tag{3-2}$$

（7）偶然误差有四个特性：大误差的有限性，小误差的集中性，绝对值相等符号相反误差的对称性，全体误差的抵消性。

（8）偶然误差的分布：伯努利和拉普拉斯等人发现，误差或观测值的分布呈现钟形概率分布曲线的形式（图 3-1）。

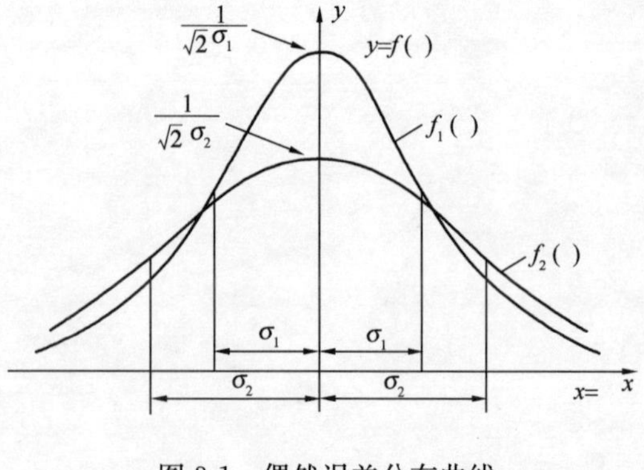

根据此特性，高斯推导出了偶然误差分布的概率密度函数公式，称为误差分布定律。这种分布是正态分布，也称为高斯分布。偶然误差正态分布的概率密度函数为：

$$f(\Delta) = \frac{1}{\sqrt{2\pi}\sigma} e^{-\frac{\Delta^2}{2\sigma^2}} \tag{3-3}$$

图 3-1　偶然误差分布曲线

式（3-3）中，σ 称为标准差，它决定了正态分布曲线的形状，如图 3-1 所示。σ 越小，正态分布曲线的离散度越小，从数学意义说，σ 为曲线拐点坐标，即 $\Delta_{拐} = \pm\sigma$ 当 $\sigma = 1$ 时曲线变成标准正态分布 N（0，1)。

（9）偶然误差的特性：

有界性：在一定的观测条件下，偶然误差的绝对值不会超出一定的限差。

密集性：绝对值较大的偶然误差出现的概率比绝对值较小的偶然误差出现的概率小。

对称性：绝对值相同的偶然误差出现的概率相同。

抵偿性：由于正负误差相互抵消，当观测次数无限增加时，偶然误差的算术平均值趋向于零，即 lim$n \to \infty$。

（10）衡量精度的指标：方差与中误差、极限误差、相对误差。

（11）方差与中误差：

$$\sigma^2 = \lim_{n \to \infty} \frac{\Delta_1 + \Delta_2 + \cdots + \Delta_n}{n} = \lim_{n \to \infty} \frac{[\Delta\Delta]}{n} \tag{3-4}$$

$$\sigma = \lim_{n \to \infty} \sqrt{\frac{\Delta_1 + \Delta_2 + \cdots + \Delta_n}{n}} = \lim_{n \to \infty} \sqrt{\frac{[\Delta\Delta]}{n}} \tag{3-5}$$

式中　σ^2——方差；

σ——中误差；

Δ_i——各测量值的真误差；

n——观测次数。由于观测次数通常是有限的，故按照式（3-6）与式（3-7）计算方差与中误差

$$m^2 = \frac{\Delta_1 + \Delta_2 + \cdots + \Delta_n}{n} = \frac{[\Delta\Delta]}{n} \tag{3-6}$$

$$m = \pm\sqrt{\frac{\Delta_1 + \Delta_2 + \cdots + \Delta_n}{n}} = \pm\sqrt{\frac{[\Delta\Delta]}{n}} \tag{3-7}$$

式中　m^2——方差；

m——中误差；

Δ_i——各测量值的真误差；

n——观测次数。

（12）极限误差：是一种限值，用 $\Delta_{极}$ 表示，可作为判断粗差的依据。

（13）相对误差：有相对真误差、相对中误差、相对极限误差。

（14）算术平均值计算中误差公式如（3-8），它是真值的无偏估计：

算术平均值

$$\overline{L} = \frac{l_1 + l_2 + \cdots + l_n}{n} = \frac{[l]}{n} \tag{3-8}$$

改正数公式为式（3-9）

$$\nu_i = \overline{L} - l_i \tag{3-9}$$

利用算术平均值计算方差和中误差为式（3-10）和式（3-11）所示：

$$m^2 = \frac{[\Delta\Delta]}{n} = \frac{[\nu\nu]}{n-1} \tag{3-10}$$

$$m = \pm\sqrt{\frac{[\Delta\Delta]}{n}} = \pm\sqrt{\frac{[\nu\nu]}{n-1}} \tag{3-11}$$

式（3-11）称为白塞尔公式。

式中　Δ——真误差；

ν——改正数；

n——测量次数，用于计算等精度观测值的中误差。

（15）误差传播定律：阐述直接观测值误差与观测值函数误差项之间的关系的定律称为误差传播定律。有四种形式，分别为倍数函数、和差函数、线性函数和一般函数。

（16）倍数函数的误差传播定律：若观测值 x 的倍数函数为 $z = kx$ ，则最终观测值函数的方差与中误差分别为式（3-12）和式（3-13）所示

$$m_{\mathrm{z}}^{2} = k^{2} m_{\mathrm{x}}^{2} \tag{3-12}$$

$$m_{\mathrm{z}}^{2} = \pm k m_{\mathrm{x}} \tag{3-13}$$

式中　m_{z}^{2} ——观测值函数方差；

m_{z} ——观测值函数中误差；

m_{x} ——直接观测值的中误差；

k ——常数。

（17）和差函数的误差传播定律：若有相互独立的观测值 x,y 的倍数函数为 $z = x \pm y$，则最终观测值函数的方差与中误差分别为式（3-14）和式（3-15）所示

$$m_{\mathrm{z}}^{2} = m_{\mathrm{x}}^{2} + m_{\mathrm{y}}^{2} \tag{3-14}$$

$$m_{\mathrm{z}} = \pm \sqrt{m_{\mathrm{x}}^{2} + m_{\mathrm{y}}^{2}} \tag{3-15}$$

式中　m_{z}^{2} ——观测值函数方差；

m_{z} ——观测值函数中误差；

$m_{\mathrm{x}}, m_{\mathrm{y}}$ ——直接观测值的中误差。

（18）线性函数误差传播定律：若相互独立的观测值 $x_1, x_2 \cdots x_n$ 的倍数函数为 $z = k_1 x_1 + k_2 x_2 + \cdots + k_n x_n$ ，则最终观测值函数的方差与中误差分别为式（3-16）和式（3-17）所示

$$m_{\mathrm{z}}^{2} = k_1^2 m_1^2 + k_2^2 m_2^2 + \cdots k_n^2 m_n^2 \tag{3-16}$$

$$m_{\mathrm{z}}^{2} = \pm \sqrt{k_1^2 m_1^2 + k_2^2 m_2^2 + \cdots k_n^2 m_n^2} \tag{3-17}$$

式中　m_{z}^{2} ——观测值函数方差；

m_{z} ——观测值函数中误差；

$m_1, m_2, \cdots, m_n$ ——直接观测值的中误差；

$k_1, k_2, \cdots, k_n$ ——常数。

（19）一般函数的误差传播定律：若有相互独立的观测值 $L_1, L_2, L_3, \cdots, L_n$ 的倍数函数为 $z = f(L_1 L_2 L_3 \cdots L_n)$，则最终观测值函数的方差与中误差分别为式（3-18）和式（3-19）所示

$$m_{\mathrm{z}}^{2} = \left(\frac{\partial f}{\partial \tilde{L}_1}\bigg|_0\right)^2 m_1^2 + \left(\frac{\partial f}{\partial \tilde{L}_2}\bigg|_0\right)^2 m_2^2 + \cdots \left(\frac{\partial f}{\partial \tilde{L}_n}\bigg|_0\right)^2 m_n^2 = k_1^2 m_1^2 + k_2^2 m_2^2 + \cdots k_n^2 m_n^2 \tag{3-18}$$

$$m_{\mathrm{z}} = \pm \sqrt{k_1^2 m_1^2 + k_2^2 m_2^2 + \cdots k_n^2 m_n^2} \tag{3-19}$$

式中　m_{z}^{2} ——观测值函数方差；

m_{z} ——观测值函数中误差；

$m_1, m_2, \cdots, m_n$ ——直接观测值的中误差；

$k_1, k_2, \cdots, k_n$ ——各观测量在观测函数中的泰勒级数展开系数。

对一般函数要注意三点：列出的函数式必须是以独立观测所表达的最简单形式；对函

数式某一观测量微分时，其他量要视为常数；观测量中如果有角度误差，必须将其化为弧度的形式。

（20）权：在不等精度观测中，用来衡量观测值可靠程度的相对数值，称为观测值的权。通常用 p 表示。权的定义式

$$p_i = \frac{c}{m_i^2} \tag{3-20}$$

式中 p_i ——某观测值的权；

c ——任意正的常数；

m_i ——相应观测值的中误差。由该式可得权的大小与观测值的方差成反比，观测值的精度越高，权越大。

（21）角度观测值权的确定

角度观测的误差与角度大小无关，故各观测值的权取相等正值，其公式为式（3-21）所示

$$p_1 = p_2 = \cdots = p_n \tag{3-21}$$

（22）水准测量值权的确定

$$p_i = \frac{1}{n} \tag{3-22}$$

$$p_i = \frac{1}{S} \tag{3-23}$$

式中 n ——测站数；

S ——测段距离。

（23）距离观测值权的确定

$$p_i = \frac{c}{(a + bD_i)^2} \tag{3-24}$$

式中 a ——固定误差；

b ——比例常数；

c ——任意正常数；

D_i ——第 i 段距离。

3.2 例题解析

3.2.1 名词解释

（1）偶然误差：偶然误差又称随机误差。

（2）系统误差：系统误差指具有某种规律性的误差。

（3）粗差：粗差是失误等原因引起的个别大误差。

（4）或然误差（残差）：估值与观测值之差称为或然误差或残差。

（5）精度：精度指观测值或随机量的离散程度。

（6）准确度：准确度指序列观测值对于真值的系统性偏离程度，即序列观测值包含的常数项系统误差的大小。

3.2.2 简答题

（1）测量误差产生的原因是什么？

1）仪器误差。

2）观测者误差。

3）外界条件影响。

4）观测条件。

（2）什么是系统误差、偶然误差、粗差？

1）系统误差：在相同观测条件下对某一量进行一系列的观测，如果误差在大小、符号上都相同，或按一定规律变化。

2）偶然误差：在相同观测条件下对某一量进行一系列的观测，如果少量的误差从表面上看在大小和符号没有规律性，但大量误差总体却具有一定的统计规律性。

3）粗差：由于观测者的粗心或各种干扰造成大于允许误差的数据。

（3）偶然误差的特性有哪些？

有界性：在一定的观测条件下，偶然误差的绝对值不会超出一定的限差；

密集性：绝对值较大的偶然误差出现的概率比绝对值较小的偶然误差出现的概率小；

对称性：绝对值相同的偶然误差出现的概率相同；

抵偿性：由于正负误差相互抵消，当观测次数无限增加时，偶然误差的算术平均值趋向于零。

3.2.3 计算题

（1）在水准路线 A→B→C 中，已知两测段观测高差的中误差 $m_{hAB}=\pm 75\text{mm}$，$m_{hBC}=\pm 66\text{mm}$，试求高差 h_{AC} 的中误差。

【解析】 因为 $h_{AC}=h_{AB}+h_{BC}$，所以由式 $m_y=\pm\sqrt{m_{x1}^2+m_{x2}^2+\cdots\cdots+m_{xn}^2}$ 得

$$m_{hAC}=\pm\sqrt{m_{hAB}^2+m_{hBC}^2}=\sqrt{75^2+66^2}=\pm 99.9\text{mm}$$

同样，一测段水准路线的高差等于每一测站高差的代数和。即 $h=h_1+h_2+\cdots\cdots+h_n$

设每一测站的观测精度均为 $m_{站}$，则路线高差的中误差为 $m_n=\pm\sqrt{n}m_{站}$，可见水准测量的误差与测站数有关。

（2）自水准点 A 向水准点 B 进行水准测量（图 3-2），各段高差分别为

$h_1=+3.532\text{m}\pm 6\text{mm}$

$h_2=+4.363\text{m}\pm 8\text{mm}$

$h_3=+2.432\text{m}\pm 10\text{mm}$

求两点 A、B 间的高差及其中误差。

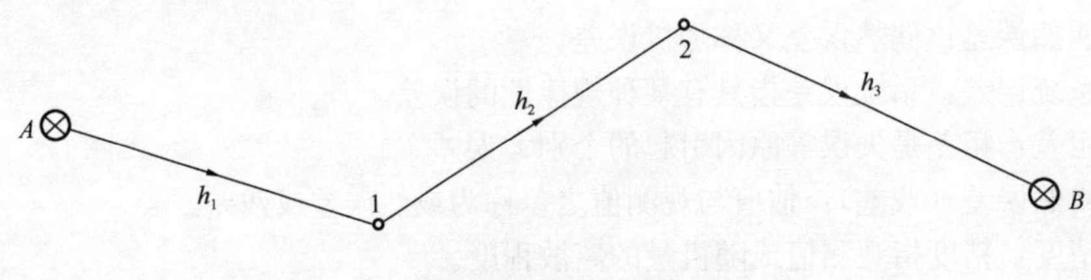

图 3-2 题（2）图

【解析】

$$h_{AB}=h_1+h_2+h_3=3.532+4.363+2.432=10.327\text{cm}$$

$$m_{AB}=\pm\sqrt{m_1^2+m_2^2+m_3^2}=\pm\sqrt{6^2+8^2+10^2}=\pm 14.14\text{mm}$$

（3）在水准测量中，一个测站的中误差为±3mm，1km 设 16 个测站，求测量距离的

中误差 $m_{h_{km}}$ 。

【解析】 $h_{km}=h_1+h_2+\cdots+h_{16}$

在等精度观测条件下 $m_1=m_2=\cdots=m_{16}=m$ 站，所以

$$m_{h_{km}}=\pm\sqrt{16}m_{站}=\pm\sqrt{16}\times 3\text{mm}=\pm 12\text{mm}$$

（4）如图 3-3 所示，在 1∶1000 的地形图上量得

$d_{AB}=25.26\text{cm}+3\text{mm}$

$d_{BC}=19.63\text{cm}+2\text{mm}$

$d_{CD}=38.74\text{cm}+4\text{mm}$

求折线 $ABCD$ 的实际长度 D 及其中误差 m_D 。

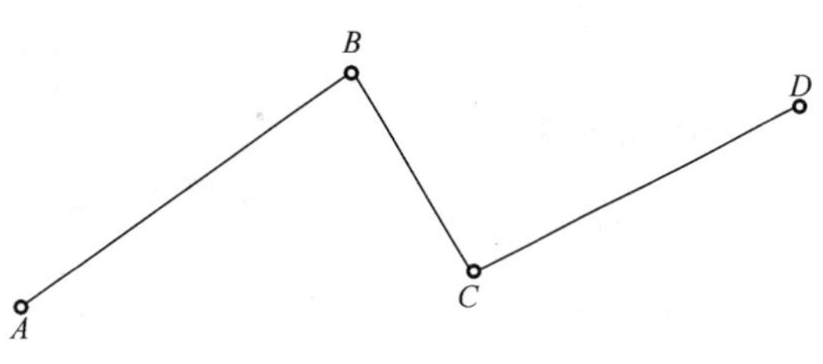

图 3-3 题（4）图

【解析】

$$D=Md_{AB}+Md_{BC}+Md_{CD}=1000\times(25.26+19.63+38.74)=836.3\text{m}$$

$$m_D=\pm\sqrt{M^2m_1^2+M^2m_2^2+M^2m_3^2}=\pm 1000\times\sqrt{3^2+2^2+4^2}=\pm 5.4\text{mm}$$

（5）一台经纬仪观测水准角，一测回观测中误差为±6″，如要用此经纬仪测角精度达到±2″，应观测几个测回？

【解析】 由题意 $m=\pm 6''$，$M\pm 2''$

根据 $M=\dfrac{m}{\sqrt{n}}$，

则 $n=\left(\dfrac{m}{M}\right)^2=\left(\dfrac{6}{2}\right)^2=9$（测回）

（6）某直线段丈量了四次，其结果为：124.387m，124.375m，124.393m，124.385m，试计算其算术平均值、观测值中误差、算术平均值的中误差和相对中误差。

【解析】

算术平均值：$x=\dfrac{[L]}{n}=\dfrac{124.387+124.375+124.393+124.385}{4}=124.385\text{m}$

观测值中误差：

$$m=\pm\sqrt{\frac{[vv]}{n-1}}=\pm\sqrt{\frac{(x-L_1)^2+(x-L_2)^2+(x-L_3)^2+(x-L_4)^2}{4-1}}=\pm 7.5\text{mm}$$

算术平均值中误差：

由公式 $M=\dfrac{m}{\sqrt{n}}$ 得，$M=\dfrac{7.5}{\sqrt{4}}=\pm 3.7\text{mm}$

算术平均值的相对中误差：由公式 $K=\dfrac{|M|}{D}=\dfrac{3.7}{124385}=\dfrac{1}{33000}$

（7）用 DJ_6 型经纬仪对某一水平角进行了五个测回观测，其角度为：131°18′12″、131°18′15″、131°18′21″、131°18′15″、131°18′03″，试计算这一水平角的算术平均值、观测值的中误差和算术平均值的中误差。

【解析】

算术平均值：

$$x=\frac{[L]}{n}=\frac{131°18'12''+131°18'15+131°18'21+131°18'15+131°18'03''}{5}=131°18'15''$$

观测值中误差：

$$m=\pm\sqrt{\frac{[\nu\nu]}{n-1}}=\pm\frac{\sqrt{(x-L_1)^2+(x-L_2)^2+(x-L_3)^2+(x-L_4)^2+(x-L_5)^2}}{5-1}$$

$$=\pm 6.6''$$

算术平均值中误差：

由公式 $M=\frac{m}{\sqrt{n}}$ 得，$M=\frac{\pm 6.6''}{\sqrt{5}}=\pm 2.9''$

(8) 在一个三角形中，观测了两个内角 α 和 β，其中误差为 $m_\alpha=\pm 6''$、$m_\beta=\pm 9''$，第三个角度 γ 由 α 和 β 求算，试求 γ 角的中误差 m_γ。

【解析】 因为 $\alpha+\beta+\gamma=180°$，$\gamma=180°-(\alpha+\beta)$

由公式 $m_y=\pm\sqrt{m_{x1}^2+m_{x2}^2+\cdots\cdots+m_{xn}^2}$ 得：

$$m_\gamma=\pm\sqrt{m_\partial^2+m_\beta^2}=\pm\sqrt{6''^2+9''^2}=\pm 10.8''$$

(9) 在比例尺为 1∶1000 的地形图上量得一圆半径 $R=125.3\pm 0.5$mm，求实地圆周长的中误差。

【解析】 $m_1=0.5$mm　　$m_R=\pm m_1=\pm 0.5$mm

因为 $L=2\pi R$　所以 $m_L=2\pi m_R=\pm 2\pi\times 0.5=\pm 3.14$

(10) 水准侧量中，一次读数受到气泡整平误差、目标照准误差、读数估读误差以及水准尺刻划误差等共同影响。若设 $m_{整平}=\pm 1.2$mm、$m_{瞄准}=\pm 0.8$mm、$m_{估读}=\pm 0.5$mm、$m_{刻划}=\pm 0.3$mm，试求一次读数的中误差 $m_{读}$。

【解析】 由公式 $m_y=\pm\sqrt{m_{x1}^2+m_{x2}^2+\cdots\cdots+m_{xn}^2}$ 得：

$$m_{读}=\pm\sqrt{m_{整平}^2+m_{瞄准}^2+m_{估读}^2+m_{刻划}^2}=\pm 1.6\text{mm}$$

(11) 某仪器一测回测角中误差为 6″，则测量几个测回，才能使角度值中误差达到 4″。

【解析】

$$m_{角}=\pm\frac{m_w}{\sqrt{3}}=\pm\sqrt{\frac{[ww]}{3n}}$$

$$6''=\pm\sqrt{\frac{[ww]}{3\times 1}}$$

$$4''=\pm\sqrt{\frac{[ww]}{3n}}\quad n=2.25$$

(12) 测量点 A，B 斜距为 $L=39.634$m，如图 3-4 所示，中误差为 $m_L=0.005$m，高差为 $h=+3.430$m，中误差为 $m_h=0.04$m，求水平距离 D 及其中误差 m_D。

【解析】

$$D=\sqrt{L^2-h^2}=\sqrt{39.634^2-3.430^2}$$

$$=39.485\text{m}$$

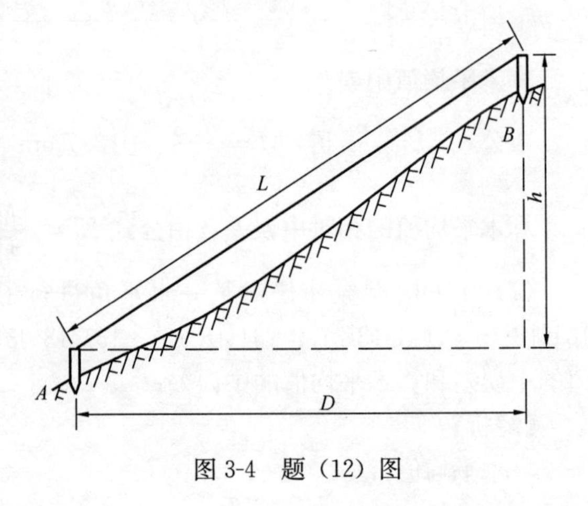

图 3-4　题 (12) 图

$$\frac{\partial D}{\partial L}=\frac{L}{\sqrt{L^2-D^2}}=\frac{L}{D}$$

$$\frac{\partial D}{\partial h}=-\frac{L}{\sqrt{L^2-h^2}}=-\frac{h}{D}$$

$$m_{\mathrm{D}}=\pm\sqrt{\left(\frac{L}{D}\right)^2 m_L^2+\left(-\frac{h}{D}\right)^2 m_{\mathrm{h}}^2}=\pm\sqrt{\left(\frac{39.634}{39.485}\right)^2\times 5^2+\left(-\frac{3.430}{39.485}\right)^2\times 40^2}$$

$$=\pm 6.1\mathrm{mm}$$

即，最后的结果为 $D=39.485\mathrm{m}\pm 6.1\mathrm{mm}$

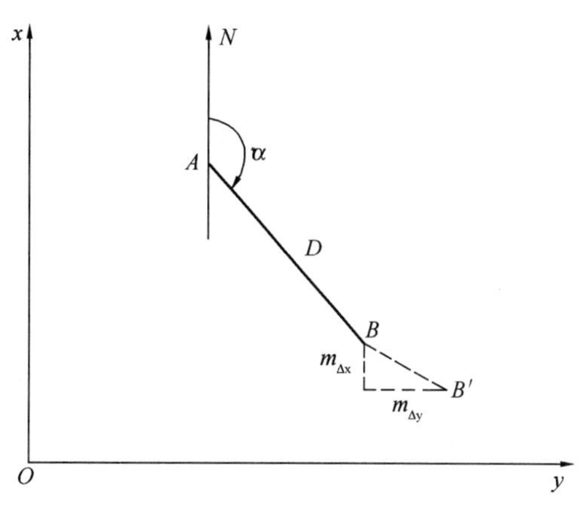

图 3-5 题（13）图

（13）测得直线 AB 长为 $D=206.261\mathrm{m}\pm 4\mathrm{mm}$，方位角 $\alpha=160°43'25''\pm 5''$，求直线端点 B 的中误差（图 3-5）。

【解析】

$$\Delta x=D\cdot\cos\alpha$$

$$\Delta y=D\cdot\sin\alpha$$

$$\frac{\partial\Delta x}{\partial D}=\cos\alpha;\frac{\partial\Delta x}{\partial\alpha}=-D\cdot\sin\alpha$$

$$\frac{\partial\Delta y}{\partial D}=\sin\alpha;\frac{\partial\Delta y}{\partial\alpha}=D\cdot\cos\alpha$$

由误差传播定律可知，

$$m_{\Delta x}^2=(m_{\mathrm{D}}\cos\alpha)^2+\left(-D\sin\alpha\frac{m\alpha}{\rho}\right)^2$$

$$m_{\Delta y}^2=(m_{\mathrm{D}}\sin\alpha)^2+\left(D\cos\alpha\frac{m\alpha}{\rho}\right)^2$$

由图可知点位 B 的中误差

$$m^2=m_{\Delta x}^2+m_{\Delta y}^2=m_{\mathrm{D}}^2+D\frac{m\alpha}{\rho}\Big)^2$$

$$m=\pm\sqrt{m_{\mathrm{D}}^2+\left(D\frac{m\alpha}{\rho}\right)^2}=\pm\sqrt{4^2+(206261\times\frac{5}{206265})^2}=\pm 6.4\mathrm{mm}$$

（14）有一函数 $h=D\cdot\tan\alpha$，其距离观测值为 $D=100\mathrm{m}\pm 0.001\mathrm{m}$，角度观测值为 $\alpha=30°\pm 6''$，则函数值 h 的中误差是多少？

【解析】

$$d_{\mathrm{h}}=\tan\alpha d_{\mathrm{D}}+D\sec^2\alpha\frac{d'_{\alpha}}{\rho''}$$

$$k_1=\tan\alpha=0.57735$$

$$k_2=D\sec^2\alpha=133.333$$

根据误差传播规律：

$$m_{\mathrm{h}}^2=k_1^2 m_{\mathrm{D}}^2+k_2^2\left(\frac{m_\alpha}{\rho}\right)^2=0.57735^2\times 0.001^2+133.333^2\times\left(\frac{6''}{206206''}\right)^2$$

$$=1.538\times 10^{-5} m_{\mathrm{h}}=\pm 0.00392\mathrm{m}$$

（15）某水准测量路线，为了求点 P 的高程，从 A、B、C 三个已知水准点出发分别

测量了与点 P 间的高差。已知点 A 的高程为 $H_A = 120.232m$，点 B 的高程为 $H_B = 121.331m$，点 C 的高程为 $H_C = 137.328m$，各水准路线长分别为 $S_1 = 3.1km$，$S_2 = 2.8km$，$S_3 = 5.2km$，高差测量值分别为 $h_1 = 28.110m$，$h_2 = 27.025m$，$h_3 = 11.02m$，问点 P 的高程是多少?

【解析】

加权平均值：

$$p_1 = \frac{1}{S_1} = \frac{1}{3.1}$$

$$p_2 = \frac{1}{S_2} = \frac{1}{2.8}$$

$$p_3 = \frac{1}{S_3} = \frac{1}{5.2}$$

$$l_1 = H_A + h_1 = 148.342m(H_B = H_A + h_{AB})$$

$$l_2 = H_B + h_2 = 148.356m$$

$$l_3 = H_C + h_3 = 148.340m$$

$$H_P = \frac{l_1 p_1 + l_2 p_2 + l_3 p_3}{p_1 + p_2 + p_3} = 148.352m$$

(16) 在 1∶2000 地形图上，量得一段距离 $d = 23.2cm$，其测量中误差 $m_d = \pm 0.1cm$，求该段距离的实地长度 D 及中误差 m_D。

【解析】 $D = dM = 23.2 \times 2000 = 46400cm = 464m, m_D = Mm_d = 2000 \times 0.1 = 200cm = 2m$。

(17) 在一个直角三角形中，独立丈量了两条直角边 a，b，其中误差均为 m，试推导由 a，b 边计算所得斜边 c 的中误差 m_c 的公式?

【解析】 斜边 c 的计算公式为 $c = \sqrt{a^2 + b^2}$，全微分得

$$dc = \frac{1}{2}(a^2 + b^2)^{\frac{1}{2}} 2a da + \frac{1}{2}(a^2 + b^2)^{\frac{1}{2}} 2b db = \frac{a}{c} da + \frac{b}{c} db$$

应用误差传播定律得 $m_c^2 = \frac{a^2}{c^2} m^2 + \frac{b^2}{c^2} m^2 = \frac{a^2 + b^2}{c^2} m^2 = m^2$

(18) 在相同的观测条件下，对某段距离丈量了 5 次，各次丈量的长度分别为：139.413m、139.435m、139.420m、139.428m、139.444m。试求：

1) 距离的算术平均值；

2) 观测值的中误差；

3) 算术平均值的中误差；

4) 算术平均值的相对中误差。

【解析】 $\bar{l} = 139.428m$，$m = \pm 0.012m$，$m_{\bar{l}} = \pm 0.005m$，$K_{\bar{l}} = 0.005/139.428 = 1/27885$。

(19) 对某基线丈量六次，其结果为：$L_1 = 246.535m$，$L_2 = 246.548m$，$L_3 = 246.520m$，$L_4 = 246.529m$，$L_5 = 246.550m$，$L_6 = 246.537m$。试求：1) 算术平均值；2) 每次丈量结果的中误差；3) 算术平均值的中误差和基线相对误差。

【解析】 据题意，其计算过程见下表。

(20) 观测 BM_1 至 BM_2 间的高差时，共设 25 个测站，每测站观测高差中误差均为

±3mm，问：1）两水准点间高差中误差是多少？2）若使其高差中误差不大于±12mm，应设置几个测站？

丈量次数	基线长度（m）	$v=x-L$（mm）	VV	计　　算
1	246.535	+1.5	2.25	1. $x=l_0+\frac{[\Delta l]}{n}=246.500(m)+\frac{216}{6}(mm)$ $=246.500(m)+0.0365(m)=246.5365(m)$
2	246.548	−11.5	132.25	2. $m=\pm\sqrt{\frac{[W]}{n-1}}=\pm\sqrt{\frac{654.5}{5}}=\pm 11.36(mm)$
3	246.520	+16.5	272.25	3. $M=\pm\frac{m}{\sqrt{n}}=\pm\frac{11.36}{2.45}=\pm 4.6(mm)$
4	246.529	+7.5	56.25	4. $K=\frac{M}{x}=\frac{4.64}{246.536}=\frac{1}{53000}$
5	246.550	−13.5	182.25	
6	246.537	−0.5	0.25	
Σ	$L_0=246.500$	0	645.5	

【解析】 据题意知

1）$\because h_1-2=h_1+h_2+\cdots h_{25}$

$\therefore \quad m_k=\pm\sqrt{m_1^2+m_2^2+\cdots m_{25}^2}$

又因 $$m_1=m_2=\cdots\cdots m_{25}=m=\pm 3\ (mm)$$

则 $$m_n=\pm\sqrt{25m^2}=\pm 15\ (mm)$$

2）若 BM_1 至 BM_2 高差中误差不大于±12（mm）时，该设的站数为 n 个，

则：$$n\cdot m^2=\pm 12^2(mm)$$

$$\therefore \quad n=\frac{144}{m^2}=\frac{144}{9}=16(站)$$

（21）在等精度观测条件下，对某三角形进行四次观测，其三内角之和分别为：179°59′59″，180°00′08″，179°59′56″，180°00′02″。试求：1）三角形内角和的观测中误差？2）每个内角的观测中误差？

【解析】 据题意，其计算过程见下表。

观测次数	角值（°′″）	Δ_i	ΔΔ	计　　算
1	179 59 59	+1″	1	(1) $m_h=\pm\sqrt{\frac{[\Delta\Delta]}{n}}=\pm\sqrt{\frac{85}{4}}\pm 4.6''$
2	180 00 08	−8″	64	(2) $m_A^2=3m_B^2$
3	179 59 56	+4″	16	$\therefore \quad m_B=\pm\sqrt{\frac{m_n^2}{3}}=\pm\sqrt{7.08}=\pm 2.66''$
4	180 00 02	−2″	4	
Σ	720 00 05	−5″	85	

（22）对同一三角形，用不同的仪器分两个作业组各进行了 10 次观测，每次测得内角和的真误差：

第一组：+3″，−2″，−4″，+2″，0″，−4″，+3″，+2″，−3″，−1″；

第二组：0″，−1″，−7″，+2″，+1″，+1″，−8″，0″，+3″，+1″；

问：哪组观测成果质量好？

【解析】 先求观测值的中误差：

$$m_1=\pm\sqrt{\frac{3^2+2^2+4^2+2^2+0^2+4^2+3^2+2^2+3^2+1^2}{10}}=\pm 2.7''$$

$$m_2=\pm\sqrt{\frac{0^2+1^2+7^2+2^2+1^2+1^2+8^2+0^2+3^2+1^2}{10}}=\pm 3.6''$$

$m_1 < m_2$，表明第一组的误差取值范围和观测值的离散度小于第二组，因而前者的观测精度高于后者。

（23）用钢尺对某段距离进行 6 次测量，结果如下表所示，求观测值中误差及算术平均值中误差。

观测值及算术平均值中误差计算表

观测次数	观测值（m）	改正数 ν（mm）	$\nu\nu$（mm^2）	计　算
1	123.435	−1	1	
2	123.438	−4	16	$m=\pm\sqrt{\frac{42}{6-1}}=\pm 2.9mm$
3	123.430	+4	16	$m_x=\pm\frac{2.9}{\sqrt{6}}=\pm 1.2mm$
4	123.432	+2	4	观测结果为
5	123.436	−2	4	123.434m±1.2mm
6	123.433	+1	1	
	$\bar{x}=123.434$	$[\nu]=0$	$[\nu\nu]=42$	

（24）对某一角度采用不同测回数进行 4 组观测，其结果见下表，求该角的观测结果及中误差。

不等精度观测角值及中误差计算表

组数	观测值/（$a°b'c''$）	测回数 n	权 p	改正数 V	pV	pVV
1	135 28 16	3	3	$-15''$	−45	675
2	135 27 54	4	4	$+7''$	+28	196
3	135 38 06	5	5	$-5''$	−25	125
4	135 27 54	6	6	$+7''$	+42	294
	$\bar{x}=135°\ 28'\ 01''$		$[p]=18$		$[pV]=0$	$[pVV]=1290$

【解析】

$$\bar{x}=135°\ 28'+\frac{16''\times 3-6''\times 4+6''\times 5-6''\times 6}{3+4+5+6}=135°\ 28'\ 01''$$

$$u=\pm\sqrt{\frac{[pVV]}{n-1}}=\pm\sqrt{\frac{1290}{4-1}}=\pm 20.7''$$

$$m_{\bar{x}}=\pm\frac{u}{[p]}=\pm\frac{20.7''}{18}=\pm 4.9$$

该角最后的值为 $135°\ 28'\ 01''\pm 4.9''$

（25）如图 3-6 所示，1，2，3 点为已知高等级水准点，其高程值的误差很小，可以忽略不计。为求点 P 的高程，使用 DS3 水准仪独立观测了 3 段水准路线的高差，每段高差的观测值及其测站数标于图中，试求 P 点高程的最可靠值与中误差。

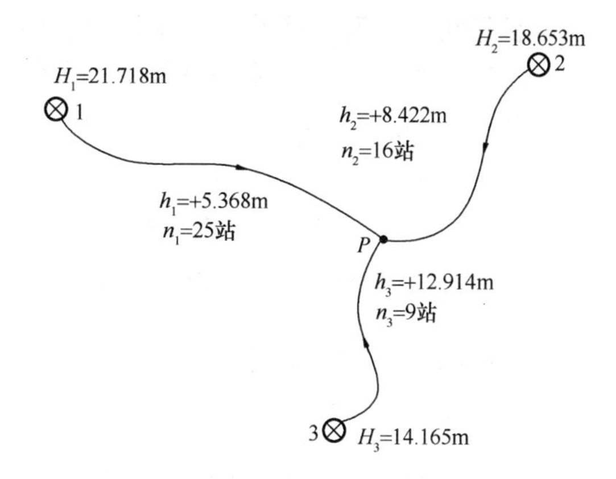

图 3-6 题（25）图

【解析】 由于使用 DS3 水准仪观测，可以认为其每站高程观测中误差 m 相等。

根据误差传播定律，可以得到高差观测值 h_1, h_2, h_3 的中误差分别为

$m_1 = \sqrt{n_1}m, m_2 = \sqrt{n_2}m, m_3 = \sqrt{n_3}m$ 。

取 $m = m_0$ ，则 h_1, h_2, h_3 的权分别为

$W_1 = \frac{1}{n_1}, W_2 = \frac{1}{n_2}, W_3 = \frac{1}{n_3}$ 。

由 1，2，3 点的高程值和三个高差观测值 h_1, h_2, h_3 可以分别计算出 P 点的高程值为

$$H_{P1} = H_1 + h_1 = 21.718 + 5.368 = 27.086\text{m}$$

$$H_{P2} = H_2 + h_2 = 18.653 + 8.422 = 27.075\text{m}$$

$$H_{P3} = H_3 + h_3 = 14.165 + 12.914 = 27.079\text{m}$$

因为三个已知水准点高程误差忽略不计，所以前面求出的三个高差观测值的中误差 m_1, m_2, m_3 就等于使用该高程观测值计算出的 P 点高程值 H_{P1}, H_{P2}, H_{P3} 的中误差。

P 点高程加权平均值为

$$\overline{H}_{PW} = \frac{\frac{1}{n_1}H_{P1} + \frac{1}{n_2}H_{P2} + \frac{1}{n_3}H_{P3}}{\frac{1}{n_1} + \frac{1}{n_2} + \frac{1}{n_3}}$$

$$= \frac{\frac{127.086}{25} + \frac{27.075}{16} + \frac{27.079}{9}}{\frac{1}{25} + \frac{1}{16} + \frac{1}{9}}$$

$$= 27.079\text{m}$$

P 点高程加权平均值的中误差为

$$m_{\overline{H}_{PW}} = \pm \frac{m}{\sqrt{\frac{1}{n_1} + \frac{1}{n_2} + \frac{1}{n_3}}} = \pm \frac{m}{\sqrt{\frac{1}{25} + \frac{1}{16} + \frac{1}{9}}} = \pm 0.4622\text{m}$$

下面验证 P 点高程算术平均值的中误差 $m_{\overline{H}_P} > m_{\overline{H}_{PW}}$ 。

P 点高程算术平均值为

$$\overline{H}_P = \frac{H_{P1} + H_{P2} + H_{P3}}{3} = 27.080\text{m}$$

根据误差传播定律，求得 P 点高程算术平均值的中误差为

$$m_{\overline{H}_P} = \pm\sqrt{\frac{1}{9}m_1^2 + \frac{1}{9}m_2^2 + \frac{1}{9}m_3^2} = \pm \frac{1}{3}\sqrt{m_1^2 + m_2^2 + m_3^2}$$

$$= \pm \frac{1}{3}m\sqrt{n_1 + n_2 + n_3} = \pm \frac{\sqrt{50}}{3}\text{m} = \pm 2.357\text{m}$$

有此例还可以得到，对于不等精度独立观测，加权平均值比算术平均值更加合理。

（26）某三角网共有5个三角形，按同精度观测得各三角形的内角和闭合差为：$+10''$，$+8''$，$-6''$，$-10''$，$-4''$，试求：1）三角形内角和的中误差 m_Σ；2）三角形各内角的中误差（即测角中误差）m。

【解析】 1）三角形内角和中误差：

$$m_\Sigma = \pm\sqrt{\frac{[\Delta\Delta]}{n}} = \pm\sqrt{\frac{10^2+8^2+(-6)^2+(-10)^2+(-4)^2}{5}} = \pm 7.9''$$

2）测角中误差：因三角形内角和是三个观测角之和，即 $\Sigma = \alpha+\beta+\gamma$

故：

$$m_\Sigma^2 = m_\alpha^2 + m_\beta^2 + m_\gamma^2 = 3m^2$$

$$m = \frac{m_\Sigma}{\sqrt{3}} \text{ 或 } m = \pm\sqrt{\frac{[f_\beta f_\beta]}{3n}} \text{（菲列罗公式）}$$

m 是测角中误差，因是同精度观测，故

$$m_\alpha = m_\beta = m_\gamma = m$$

f_β 是三角形内角和闭合差，则

$$m = \pm\sqrt{\frac{[f_\beta f_\beta]}{3n}} = \frac{m_\Sigma}{\sqrt{3}} = \pm\frac{7.9''}{\sqrt{3}} = \pm 4.6''$$

3.3 思考练习

3.3.1 简答题

（1）测量误差的来源有哪几个方面？测量误差一般是如何分类的？

（2）尺长误差会导致测距误差，该测距误差属于什么类型的误差？尺子的读数误差属于什么类型的误差？

（3）如何定义偶然误差的精度？解释极限误差的含义，何时会用到极限误差？

（4）什么是相对误差，其种类有哪些？对于角度测量，是否可以用相对误差进行精度的比较？

（5）对某一距离，利用测距仪进行了多次测量。假设距离值真值为已知，其中一次测量的真误差为+5mm，另一次测量的真误差为－1mm，问这两次测量精度是否相同，为什么？

（6）误差传播定律的含义是什么？对于观测值的一般函数，如何由相互独立观测值的中误差，计算函数的中误差？

（7）假设观测值只含有偶然误差，则其算术平均值会随着观测值的增加而趋近于真值，为什么？

（8）在角度测量中正、倒镜观测，水准测量中使前、后视距相等。这些规定都是为了消除什么误差？

（9）在水准测量中，有下列几种情况使水准尺读数带有误差，试判别误差性质：

1）视准轴与水准轴不平行；2）仪器下沉；3）读数不正确；4）水准尺下沉。

3.3.2 计算题

（1）对某段距离等精度测量了10次，测量值分别为100.123、100.125、100.120、100.121、100.127、100.124、100.125、100.124、100.126、100.122（单位为m），此段

距离的最优估值是多少？距离一次测量中误差是多少？最优估值的相对中误差是多少？（在此假设测量值只含有偶然误差）

（2）某仪器一测回测角中误差为 6″，则测量几个测回，才能使角度值中误差达到 4″。

（3）有一函数 $h=D\cdot\tan\alpha$，其距离观测值为 $D=100\text{m}\pm0.001\text{m}$，角度观测值为 $\alpha=30°\pm6''$，则函数值 h 的中误差是多少？

（4）如图 3-7 所示的水准测量路线，为了求点 P 的高程，从 A、B、C 三个已知水准点出发分别测量了与点 P 间的高差。已知点 A 的高程为 $H_A=120.232\text{m}$，点 B 的高程为 $H_B=121.331\text{m}$，点 C 的高程为 $H_C=137.328\text{m}$，各水准路线长分别为 $S_1=3.1\text{km}$，$S_2=2.8\text{km}$、$S_3=5.2\text{km}$，高差测量值分别为 $h_1=28.110\text{m}$、$h_2=27.025\text{m}$、$h_3=11.012\text{m}$，问点 P 的高程是多少。

（5）地面上有一圆，利用测距仪对圆的半径进行了测量，测量值为 35.733m，设测量误差忽略不计。将此圆描绘于 1∶5000 比例尺的地形图上，半径描绘误差为±0.1mm。为了求此圆的面积，对图上圆的半径进行了量测，量测误差为±0.1mm，问求得的圆的实地面积的精度是多少？

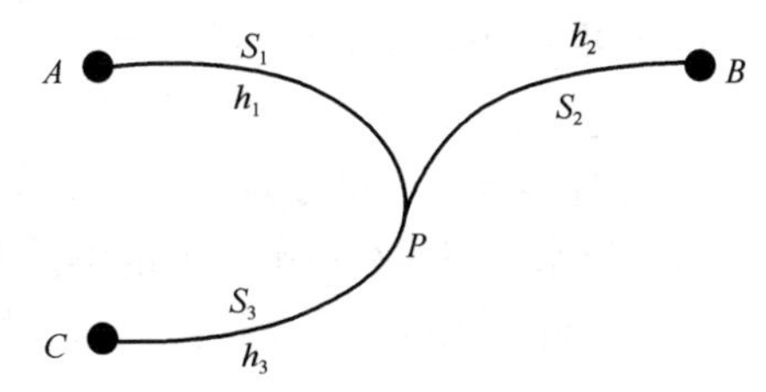

图 3-7　题（4）图

（6）已知某点 P 的高斯平面直角坐标为 $X_P=2050442.5\text{m}$，$Y_P=18523775.2\text{m}$，则该点位于 6°带的第几带内？其中央子午线经度是多少？该点位于中央子午线的东侧还是西侧？

（7）在等精度观测中，已知一三角形各内角和之闭合差为：−5″，2″，0″，3″，−1″，求三角形内角和之中误差？

（8）在 1∶1000 地形图上，测量 A、B 两点间之距离 $d=51.5\pm0.3\text{mm}$，求 A、B 两点间实地的水平距离及中误差。

（9）用 20m 钢尺进行距离丈量，已知一整尺段之中误差为±0.005m，今用该尺测量直线 AB，其 $D_{往}=99.972\text{m}$，$D_{返}=99.988\text{m}$，求其平均距离 D 之中误差。

第 4 章　测量基本元素的采集技术

4.1　知识要点

4.1.1　几何水准测量

（1）水准仪的分类

1）水准仪按类型分为普通光学水准仪、自动安平水准仪、激光水准仪、电子水准仪等。

2）按标称等级，可分为 DS_{05}，DS_1，DS_3，DS_{10}，DS_{20} 几个等级，下标数字表示水准仪每公里水准路线往返平均值的中误差，单位为 mm。

（2）微倾式水准仪由望远镜、水准器和基座三大部分组成，如图 4-1 所示。

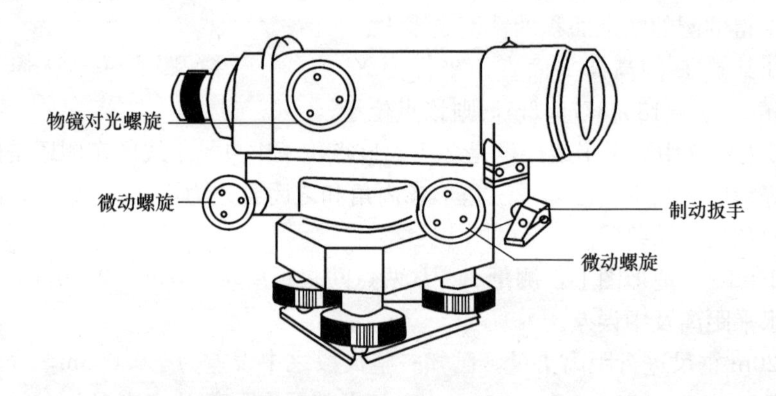

图 4-1　微倾式水准仪组成

1）望远镜：由物镜、目镜、十字丝及调焦透镜组成，如图 4-2 所示。视准轴、圆水准轴、水准管轴的定义及符合水准气泡；

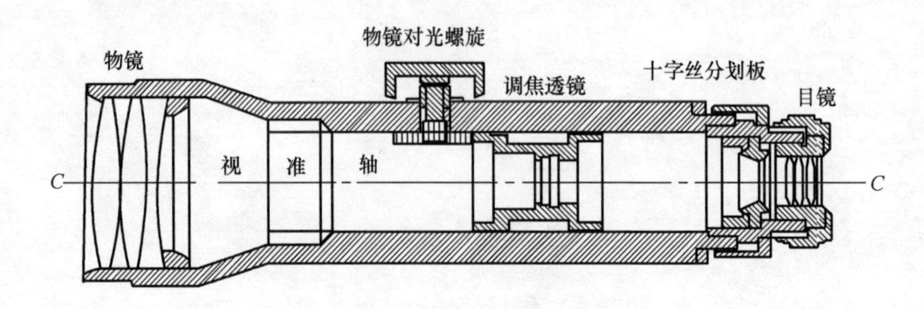

图 4-2　望远镜构造

2）水准器：指示仪器各轴系是否处于水平或垂直状态的一种装置，一般有管水准器与圆水准器，如 4-3、图 4-4 所示。

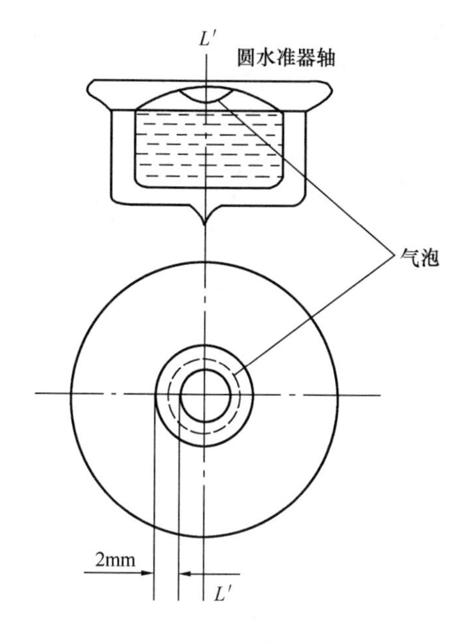

图 4-3　圆水准器构造

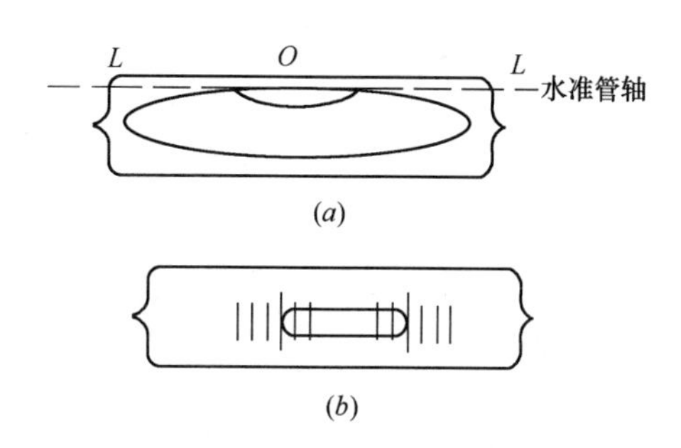

图 4-4　管水准器构造

3）基座连接望远镜与三脚架的部件。

（3）水准仪的用法：

1）安置仪器；

2）概略整平；

3）瞄准水准尺；

4）精平及读数。

（4）水准测量原理，如图 4-5 所示。归纳图中观测过程，有

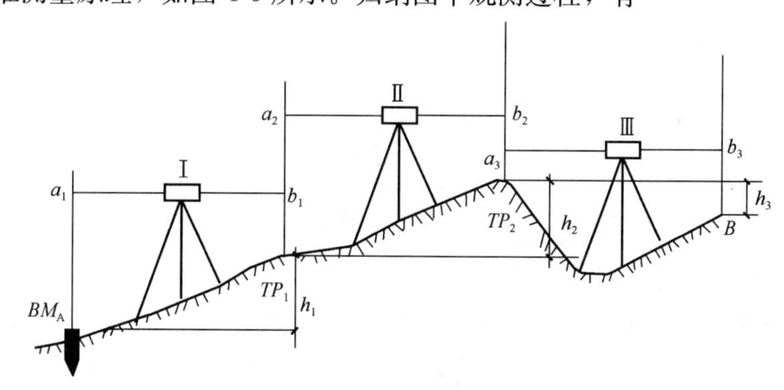

图 4-5　水准测量原理

$$\begin{cases} h_i = a_i - b_i \\ h_{AB} = \Sigma h = \Sigma a - \Sigma b \\ H_B = H_A + h_{AB} \end{cases} \tag{4-1}$$

式中　H_A——BM_A 的已知高程；

a_i，b_i——每一段的后视读数与前视读数；

H_B——待测点 B 高程。

(5) 水准路线有闭合路线如图 4-6（a）、附和路线如图 4-6（b）和支水准路线如图 4-6（c）三种。

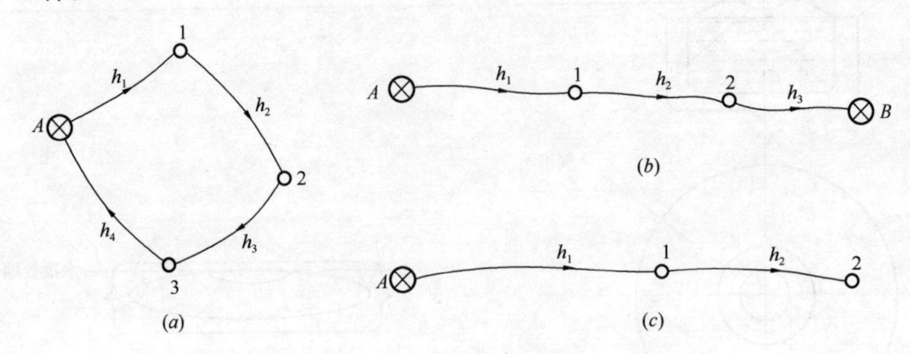

图 4-6　水准路线示意图

（a）闭合水准路线；（b）附合水准路线；（c）支水准路线

(6) 一个测站上的水准测量检核方法：双仪高法、双面尺法。

(7) 水准测量结果粗差限值

$$f_{\text{hmax}} = \pm 40\sqrt{L}(\text{mm})\ (\text{适合平地}) \tag{4-2}$$

$$f_{\text{hmax}} = \pm 12\sqrt{n}(\text{mm})\ (\text{适合山地}) \tag{4-3}$$

式中　L——水准路线长，以 km 计算；

n——测站数。

(8) 水准测量闭合差的计算及误差的调整如式（4-4）～式（4-6）所示。

1) 闭合水准路线　$f_{\text{h}} = \Sigma h_{\text{ce}}$　(4-4)

2) 附合水准路线　$f_{\text{h}} = \Sigma h_{\text{ce}} - \Sigma h_l$　(4-5)

3) 支水准路线　$f_{\text{h}} = \Sigma h_{\text{wang}} + \Sigma h_{\text{fan}}$　(4-6)

若 $|f_{\text{h}}| < |f_{\text{hmax}}|$，则将闭合差反号，按照与距离成正比或者与测站数成正比的原则进行分配。

$$v_{\text{h}_i} = -\frac{n_i}{\Sigma n_i} f_{\text{h}} \tag{4-7}$$

$$v_{\text{h}_i} = -\frac{s_i}{\Sigma s_i} f_{\text{h}} \tag{4-8}$$

式中　n_i, s_i——每段高差测站数和距离。

改正后的高程如式（4-9）所示

$$\hat{h}_i = h_i + v_{\text{h}_i} \tag{4-9}$$

(9) 微倾式水准仪应满足的条件，如图 4-7 所示：

1) 圆水准器轴 $L'L'$ 平行于竖轴 VV；

2) 十字丝横丝垂直于竖轴 VV；

3) 水准管轴 LL 平行于视准轴 CC。

其中第三个条件即望远镜视准轴与水准管轴平行为主条件，如其关系不满足所产生

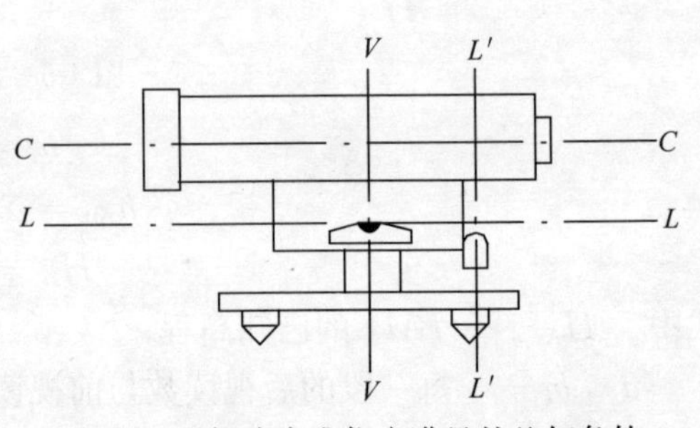

图 4-7　微倾式水准仪应满足的几何条件

的误差称为角误差 i，工程测量中要求 DS3 水准仪校正后的 i 小于 20″。

（10）水准测量误差来源及消除方法：

1）仪器误差

①水准管轴 LL 不平行于视准轴 CC，通过使前后视距相等来消除该误差；

②水准尺误差，通过设立偶数个测站的方法来消除该误差。

2）外界环境的影响

①地球曲率及大气折光的影响，如图 4-8 所示，地球曲率使读数偏大，大气折光使读数偏小，综合考虑为

$$f = C - r = \frac{D^2}{2R} - \frac{D^2}{2 \times 7R} = 0.43\frac{D^2}{R} \tag{4-10}$$

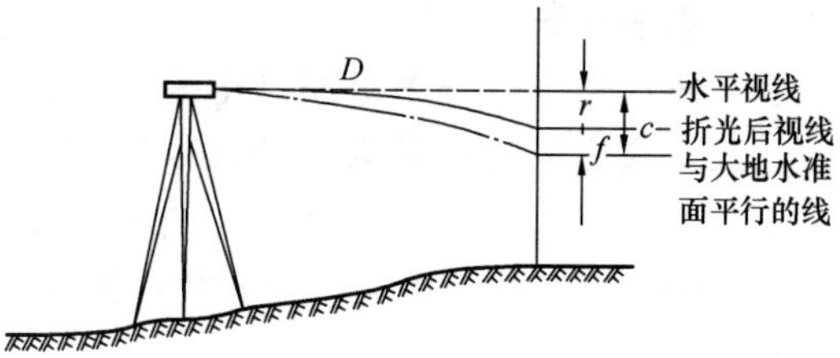

图 4-8 地球曲率及大气折光对水准测量的影响

式中 D——仪器至水准尺的距离；

C——用水平面代替水准面对读数的影响；

r——大气折光对读数的影响；

R——地球曲率半径。

②阳光照射的影响，阳光照射会引起水准管中气泡偏移，应采取遮阳措施。

③水准仪（尺）沉降的影响，可采用后—前—前—后的观测程序予以减弱。

3）观测误差

①水准管气泡居中误差

②照准误差

③水准尺读数误差

④水准尺倾斜误差

（11）在水准测量过程中削减或抵消误差的方法及注意事项；

（12）水准测量精度分析

以两倍中误差作为限差，则有 $fh_{容}=12n$（mm）或 $fh_{容}=40L$

4.1.2 角度测量

（1）角度测量包括测量水平角与竖直角，如图 4-9 所示。水平角指两个方向在水平面 P 上的投影形成的角度；竖直角指某一方向在与此方向对应的水平方向线，在竖直面内的夹角。

（2）光学经纬仪由照准部、度盘和基座三大部分组成，按精度等级，可分为 DJ07、DJ1、DJ2、DJ6、DJ15 五个等级。其中下标数字表示一测回方向测量中误差数值，如 DJ6 表示 $m_{方}=\pm 6''$。

（3）DJ6 光学经纬仪的读数方法：分微尺读数法；单平板玻璃测微器读数法。

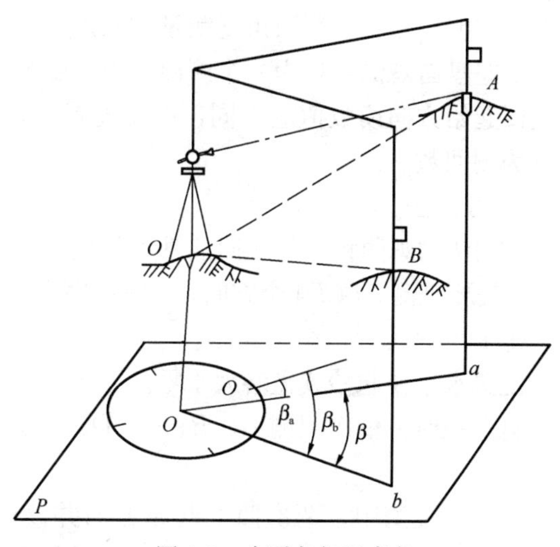

图 4-9 水平角与竖直角

(4) 经纬仪的安置与操作

1) 对中：使仪器中心与地面点位于同一铅垂线；

2) 整平：使水平读盘水平，竖轴竖直；

3) 照准：应使十字丝清晰，要消除视差；

4) 读数：进行水平与竖直角读数。

(5) 水平角观测

水平角观测一般采用盘左（正镜）盘右（倒镜）的观测方式，这样的目的是为了消除仪器的一些误差。主要采用测回法（适用于只有两个方向的角度测量）和方向法（适用于含有两个以上方向的角度测量）两种观测、记录和计算的程序和方法。

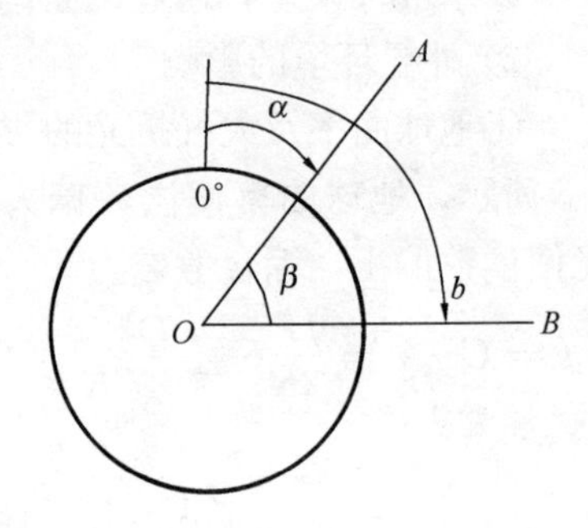

图 4-10　测回法原理示意图

1) 测回法

测回法测角原理如图 4-10 所示，需要测量角度 $\beta=\angle AOB$，观测程序如下：

①盘左位置

a. 安置经纬仪于点 O，并对中整平；

b. 盘左（正镜）瞄准起始方向 A，并精确瞄准点 A，得读数 $a_{左}$，应调节照准部制动螺旋和微动螺旋精确照准目标；

c. 顺时针转动望远镜至方向 B，并精确瞄准点 B，得读数 $b_{左}$，则有 $\beta_{左}=a_{左}-b_{左}$，上述过程称为上半测回。

②盘右位置

a. 倒转望远镜，变换成盘右位置（倒镜），逆时针转至点 B，并精确瞄准，得读数 $b_{右}$；

b. 逆时针旋转望远镜至方向 A，并精确瞄准，得读数 $a_{右}$；则有 $\beta_{右}=a_{右}-b_{右}$，上述过程称为下半测回。

通过盘左盘右观测，可以抵消许多仪器误差。对于 DJ6 光学经纬仪，上下半测回所测角度值之差，应满足限差 $|\beta_{左}-\beta_{右}|<40''$ 的要求。当限差得到满足时，取上下半测回角度平均值，作为一测回角度测量结果。$\beta=1/2\ (\beta_{左}+\beta_{右})$

盘左盘右观测合称为一个测回。当需要观测多个测回时，为了减少读盘刻划误差，不同测回起始方向读数值应不同，即要配置度盘。各测回起始方向读数值应为 $180°/n$，其中 n 为测回数。

2) 方向法

方向法的观测程序与测回法基本相同。如图4-11所示，需要观测 $ABCD$ 4 个方向，观测程序如下：

①上半测回

配置水平使起始读盘略大于零。

盘左顺时针依次观测 A、B、C、D、A 方向值，并记录。

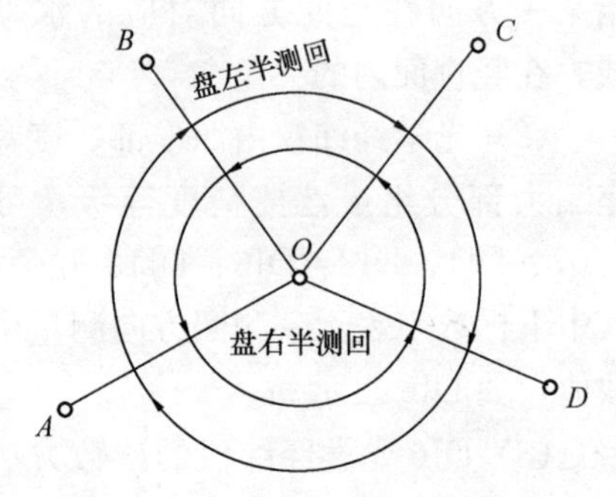

图 4-11　方向法原理示意图

半测回观测中，两次照准起始方向并读取度盘读数，称为归零，其读数差值称为半测回归零差。

②下半测回

盘右逆时针依次观测 A、D、C、B、A 方向值，并记录。

方向法观测需要考虑 3 个限差。

a. 归零差

归零差为上下半测回起始方向值之差，DJ6 光学经纬仪的归零差限差为 18″。

b. 两倍照准差 $2C$

两倍照准差 $2C$ 值的计算公式为 2C＝盘左读数－（盘右读数±180°）

c. 测回差

将一个测回中各方向读数平均值减去起始方向平均值，即各方向的归零方向值。各测回同一方向归零方向值之差，称为测回差。对于 DJ6 光学经纬仪，测回差不应超过 24″。

当需要观测多个测回时，为了减少读盘刻划误差，不同测回起始方向读数值应不同，即要配置度盘。各测回起始方向读数值为 180°，其中 n 为测回数。

（6）竖直角度测量

a. 计算公式：竖角＝读数－常数 或 竖角＝常数－读数

如图 4-12（a）为盘左观测，如图 4-12（b）为盘右观测，竖直角计算公式为如式（4-11）～式（4-14）所示。

$$\alpha_L = L - 90^\circ \tag{4-11}$$

$$\alpha_R = 270^\circ - R \tag{4-12}$$

或

$$\alpha_L = 90^\circ - L \tag{4-13}$$

$$\alpha_R = R - 270^\circ \tag{4-14}$$

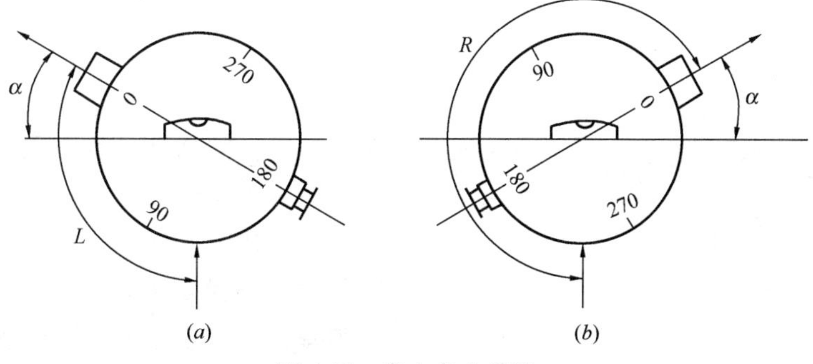

图 4-12　盘左盘右观测

（a）盘左观测；（b）盘右观测

b. 竖盘指标差的产生与消除

当视线水平、竖盘符合气泡居中时，竖盘指标并不会严格指向正确位置，导致产生竖盘指标差，通过盘左盘右观测取平均值，可抵消竖盘指标差。盘左盘右观测如图 4-13 所示，计算公式如式（4-15）～式（4-18）所示。

$$\alpha_L = L - 90^\circ = \alpha + x \tag{4-15}$$

$$\alpha_R = 270^\circ - R = \alpha - x \tag{4-16}$$

$$\alpha_{avg} = \frac{1}{2}(\alpha_L + \alpha_R) \tag{4-17}$$

$$x = 1/2(\alpha_{左} - \alpha_{右}) = 1/2(L + R - 360^\circ) \tag{4-18}$$

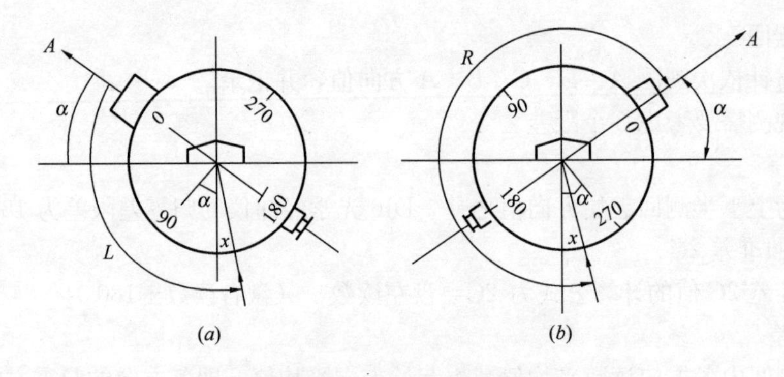

图 4-13　盘左盘右观测

c. 竖直角度观测有中丝法和三丝法两种。

(7) 经纬仪应满足的条件及检验校正的基本方法步骤，如图 4-14 所示；

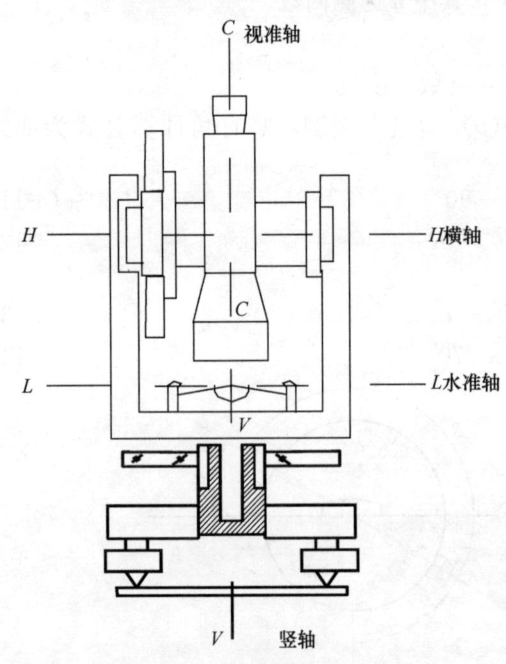

图 4-14　经纬仪应满足的几何条件

①经纬仪的竖轴必须竖直；

②水平度盘必须水平且中心位于竖轴上；

③望远镜上下旋转时，其视准轴形成的面必须是一竖直平面。

因此，经纬仪轴系必须满足下列几何条件：

①照准部水准管轴垂直于竖轴，即 $LL \perp VV$；

②视准轴垂直于横轴，即 $CC \perp HH$；

③横轴应垂直于竖轴，即 $HH \perp VV$。

此外，为了观测时的方便，还应要求十字丝竖丝垂直于横轴，及竖盘指标差在限差范围之内。

(8) 从仪器误差、观测者本身及外界条件的影响说明了角度测量误差的来源以及消减这些误差应采取的措施。

1) 经纬仪应满足的几何条件，如图 4-14 所示：

①经纬仪的竖轴必须竖直；

②水平度盘必须水平且中心位于竖轴上；

③望远镜上下旋转时，其视准轴形成的面必须是一竖直平面。

因此，经纬仪轴系必须满足下列几何条件：

①照准部水准管轴垂直于竖轴，即 $LL \perp VV$；

②视准轴垂直于横轴，即 $CC \perp HH$；

③横轴应垂直于竖轴，即 $HH \perp VV$。

2) 角度观测的误差来源及分析

①仪器误差：

a. 水平读盘偏心误差：度盘分划中心与仪器旋转轴不一致，如图 4-15 所示，通过盘左盘右观测取平均值可以消除水平读盘偏心误差；

b. 视准轴误差：仪器视准轴不与横轴垂直产生的误差，其原因有十字丝分划板安置有误、仪器本身热胀冷缩不均匀引起视准轴位置变化等，如图 4-16 所示，盘左盘右观测取平均值可消除视准轴误差。

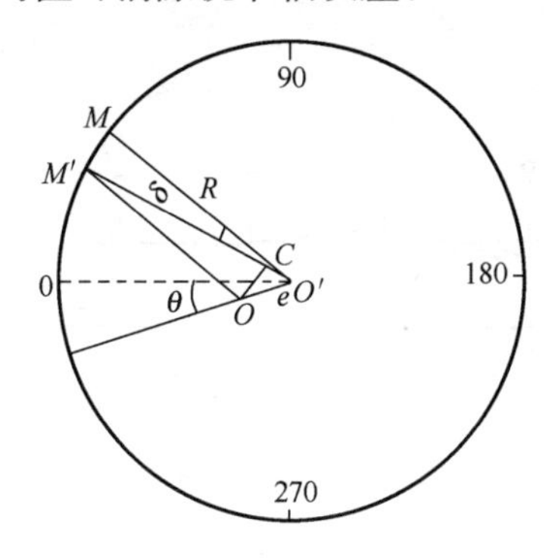

图 4-15　水平读盘偏心误差

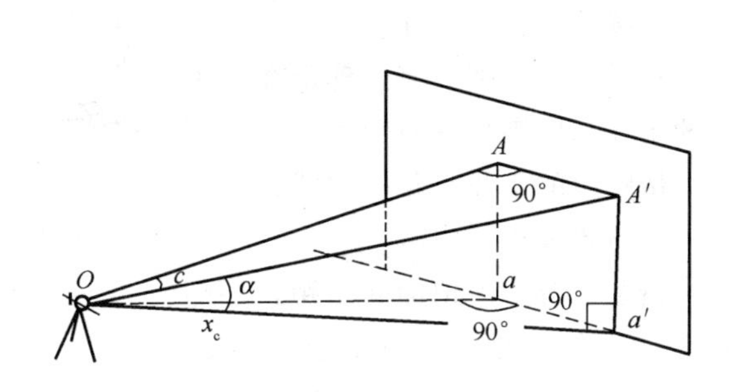

图 4-16　视准轴误差

c. 横轴倾斜误差：经纬仪横轴与竖轴不垂直引起，如图 4-17 所示，可通过盘左盘右观测消除横轴倾斜误差。

d. 竖轴倾斜误差：仪器未严格整平，使竖轴倾斜，产生误差，如图 4-18 所示，该误差不能通过盘左盘右观测消除，测量时，应严格整平仪器，并对仪器进行检验与校正。

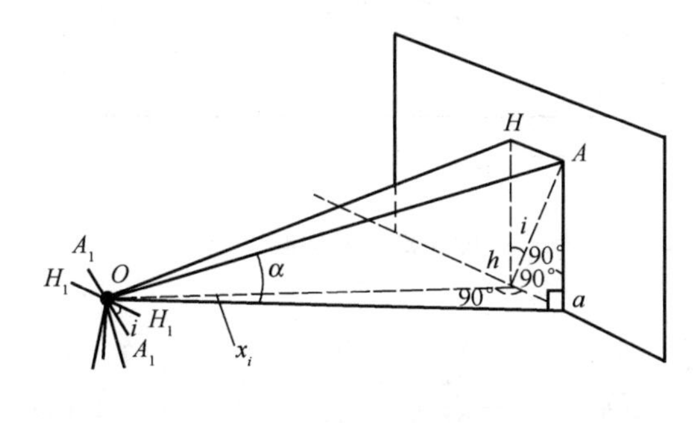

图 4-17　横轴倾斜误差

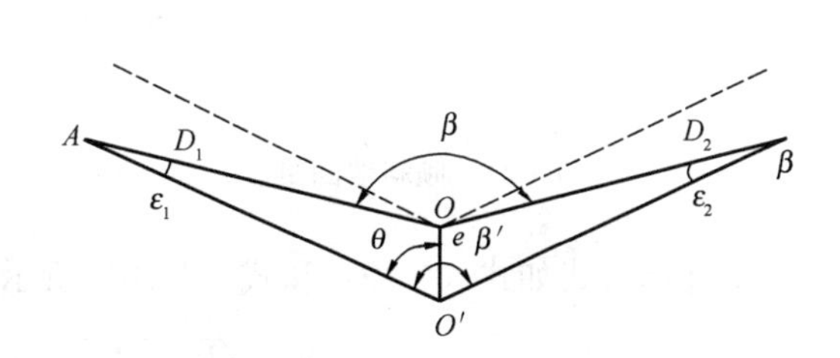

图 4-18　竖轴倾斜误差

②观测及操作误差

a. 仪器对中误差：仪器未严格对中时产生的误差，如图 4-18 所示；

b. 目标偏心误差：照准目标标志偏离实际地面点位的误差，如图 4-19 所示；

c. 照准误差；

d. 读数误差。

③外界条件的影响

（9）经纬仪对中的目的是使仪器中心（竖转）与测站点位于同一铅垂线上，整平的目的是使仪器的竖轴垂直、水平盘处

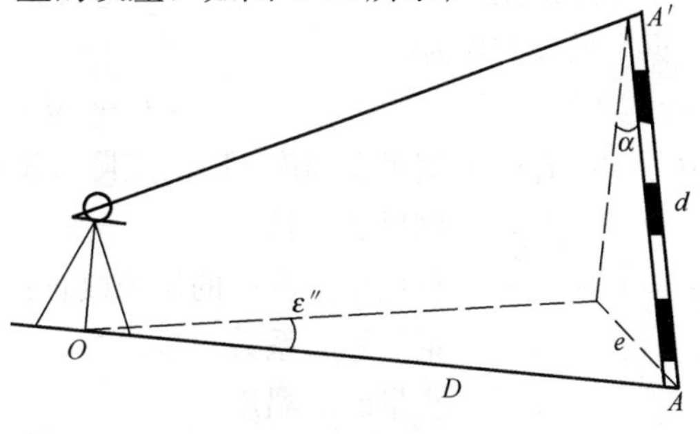

图 4-19　目标偏心误差

于水平位置。

(10) 水平角观测精度分析

1) 同一方向测回 $m_{方较}=\pm 6''\sqrt{2}$

2) 半测回角度中误差 $m_{半方}=\pm 6''\sqrt{2}$

4.1.3 距离测量

(1) 普通钢尺量距的工具：钢尺、测钎、花杆、弹簧秤、温度计。

(2) 直线定线：把许多点确定在一条直线上的工作，以满足分段距离丈量精度的要求。量距时的定线有花杆定线、经纬仪定线、两点不通视的定线。

(3) 量距：分为平坦地面量距，如图4-20所示，和倾斜地面量距，如图4-21所示，图4-22为倾斜改正示意图。

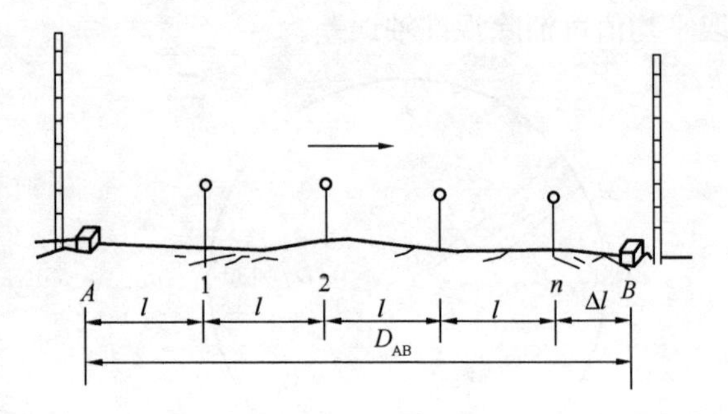

图4-20 平坦地面量距

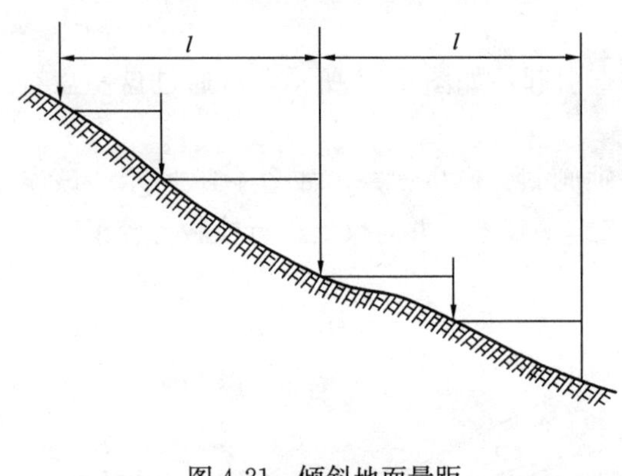

图4-21 倾斜地面量距

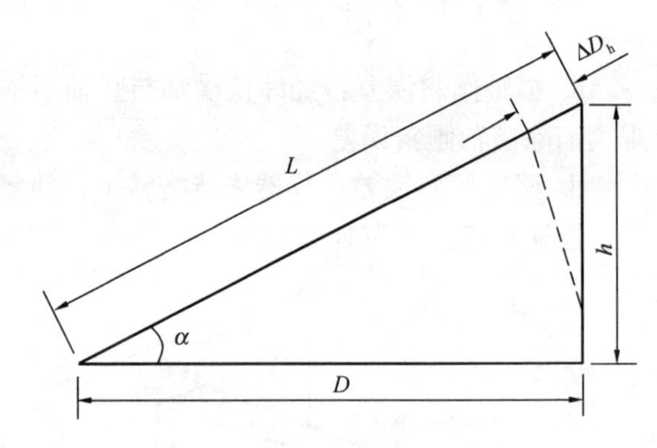

图4-22 倾斜改正

计算公式如式 (4-19) 和式 (4-20) 所示

$$D=\sqrt{L^2-h^2}=L+\Delta D_{\mathrm{h}}\approx L-\frac{h^2}{2L} \tag{4-19}$$

或

$$D=L\cos\alpha \tag{4-20}$$

(4) 精密量距及三差改正，即尺长改正、温度改正、倾斜改正的公式。

1) 尺长改正

钢尺尺长方程为

$$l_{\mathrm{t}}=l_0+\Delta l+\alpha l_0(t-t_0) \tag{4-21}$$

式中 l_{t}——钢尺在温度 t 时的实际长度；

l_0——钢尺名义长度；

$\Delta l=l_{\mathrm{t}}-l_0$——在检定温度时的尺长改正；

α——钢尺膨胀系数；

t——丈量时的温度；

t_0——检定温度，一般取20°。

若某段距离的丈量值为 L，则尺长改正为式（4-22）

$$\Delta D_l = \frac{\Delta l}{l}L \tag{4-22}$$

2）温度改正

$$\Delta D_t = \alpha(t - t_0)L \tag{4-23}$$

式中　t——丈量时的温度；

L——量测距离。

3）倾斜改正

$$\Delta D_h = D - L = -\frac{h^2}{2L} \tag{4-24}$$

式中　D——欲求的水平距离。

综上所述，改正后的水平距离为式（4-25）所示

$$D = L + \Delta D_l + \Delta D_t + \Delta D_h \tag{4-25}$$

（5）量距时的误差：

1）定线误差；

2）尺长误差；

3）读数误差；

4）拉力误差；

5）悬垂误差；

6）温度测量误差；

7）外界条件的影响。

（6）电磁波测距：通过测量电磁波在待测距离上往返传播的时间来测定距离，具有精度高、测距远、劳动强度低等诸多优点，电磁波测距原理如图 4-23 所示。

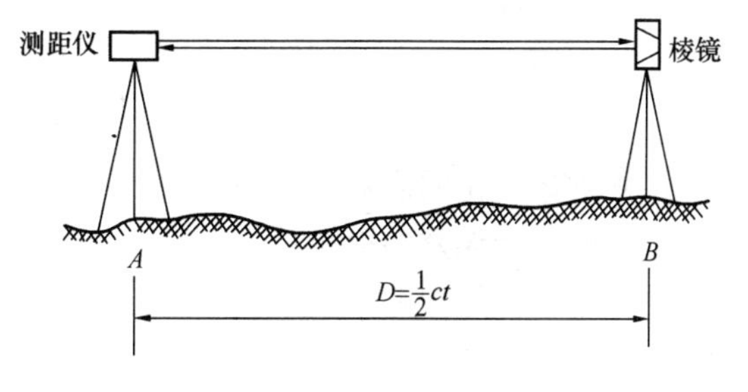

图 4-23　电磁波测距原理图

（7）视距测量原理、视距常数 K 的测定，望远镜水平和望远镜倾斜时视距测量和高差测量的方法。视距测量的误差及测量注意事项；

1）视线水平时的视距公式如式（4-26）所示

$$s = kl = 100l \tag{4-26}$$

2）视线倾斜时的视距公式

如图 4-24 所示，由两视距丝在竖直视距尺上的间隔为 l，可以计算出相应的垂直于视线方向视距尺上两视距丝的间隔。

$$GM = l_0 \tag{4-27}$$

其中　$GM = GQ + QM \approx G'Q\cos\alpha + QM'\cos\alpha \approx \frac{1}{2}l\cos\alpha + \frac{1}{2}l\cos\alpha = l\cos\alpha$

即

$$l_0 = l\cos\alpha \tag{4-28}$$

得倾斜视线 NQ 的长度为式（4-29）

$$D = K_0 l = Kl\cos\alpha \tag{4-29}$$

得水平距离 s 为式（4-30）

$$s = Kl\cos^2\alpha \tag{4-30}$$

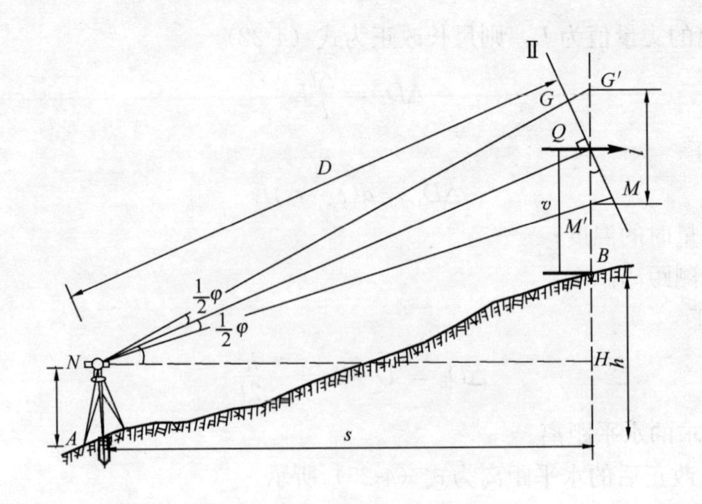

图 4-24　视距倾斜时的距离测量

AB 两点间高差计算公式为

$$h = s\tan\alpha + i - v \tag{4-31}$$

式中　i——仪器高 AN；

　　　v——中丝读数 BQ。

3）视距测量误差来源

① 乘常数变化的影响；

② 角度测量误差的影响；

③ 视距尺分划误差影响；

④ 视距尺读数误差影响；

⑤ 视距尺倾斜误差影响等。

（8）直线定向：确定直线与标准方向线夹角的工作。

（9）直线的标准方向：真北、磁北、坐标北。

1）真北方向：地面上的一点的真子午线切线北方向，称为真北方向。

2）坐标北方向：平面直角坐标系（高斯平面直角坐标系）中，坐标纵轴所指的方向，称为坐标北方向。

3）磁北方向：罗盘仪的磁针静止时，其所指向的方向称为磁北方向。

（10）方位角

方位角：从直线起始点的标准北方向起，顺时针旋转至直线位置所形成的角度，称为该直线的方位角，取值范围为 0°～360°。

1）真方位角：由真北方向作为标准方向的方位角，称为真方位角，用 A 表示。

2）坐标方位角：由坐标北方向作为标准方向的方位角，称为坐标方位角，用 α 表示，如图 4-25 所示。

$$\alpha_{AB} = \alpha_{BA} \pm 180^\circ$$

3）磁方位角：由磁北方向作为基本方向的方位角，称为磁方位角，用 A_m 表示。

同一条直线的真方位角、坐标方位角和磁方位角概念的描述如图 4-25 所示，真方位角、坐标方位角和磁方位角之间的相互关系，如图 4-26 所示。

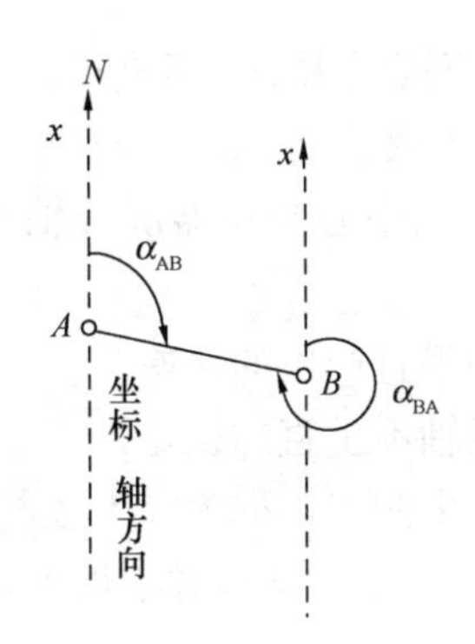

图 4-25　正反坐标方位角

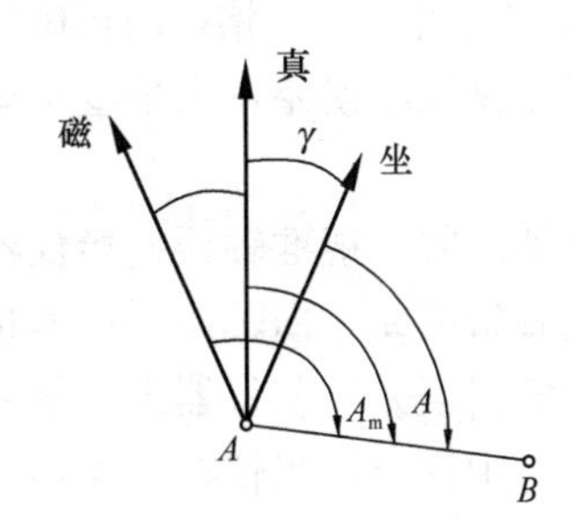

图 4-26　真方位角、坐标方位角、磁方位角之间关系

（11）象限角

象限角：由标准方向线的北端或南端，顺时针或逆时针到某一直线的水平夹角，用 R 表示，取值范围为 0°～90°，如图 4-27 所示，计算公式如式（4-32）～式（4-35）所示。

Ⅰ象限：$\alpha=R$，$R=\alpha$　　(4-32)

Ⅱ象限：$\alpha=180°-R$，$R=180°-\alpha$　　(4-33)

Ⅲ象限：$\alpha=180°+R$，$R=\alpha-180°$　　(4-34)

Ⅳ象限：$\alpha=360°-R$，$R=360°-\alpha$　　(4-35)

坐标方位角的推算如式（4-36）所示。

左角通用公式 $\alpha_{i,j+1}=\alpha_{i-1,i}+\beta_{i左}\pm180°$　　(4-36)

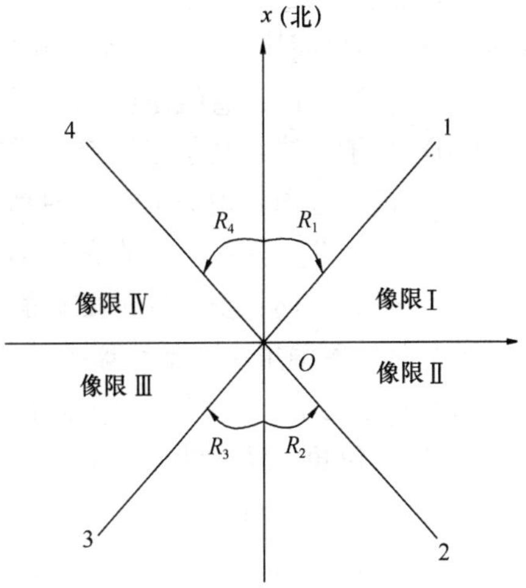

图 4-27　象限角

4.2　例题解析

4.2.1　名词解释

（1）视差：如果目标成像与十字丝分划板不重合，则眼睛在目镜端上下移动时，目标读数会发生变化，进而产生读数误差，称为视差。

（2）水准器：水准器是指示仪器各种轴系是否处于水平或垂直状态的一种装置。

（3）水准管轴：管水准器内圆弧中央称为零点，过零点作一内壁切线，称为水准管轴。

（4）闭合水准路线：闭合水准路线是指水准路线由一已知点出发，经由待定点构成一个环状路线。

（5）附合水准路线：附合水准路线是指水准路线从一个已知点出发，附合到另一个已知水准点所形成的路线。

（6）支水准路线：支水准路线是从一个已知水准点出发测量至未知点，但并不与已知点附合或回到原点。

（7）测回：盘左盘右观测合称为一个测回。

（8）半测回归零差：半测回观测中，两次照准起始方向并读取度盘读数，称为归零，其读数差值称为半测回归零差。

（9）测回差：各测回同一方向归零方向值之差，称为测回差。

（10）竖盘指标差：由于仪器总会存在某些误差，所以当视线水平、竖直指标水准管气泡居中时，竖盘指标并不会严格指向正确的位置，这将产生读数误差，称为竖盘指标差。

（11）水平度盘偏心误差：水平度盘偏心误差指度盘分划中心与仪器旋转轴不一致的误差。

（12）视准轴误差：视准轴误差指仪器视准轴不与横轴垂直产生的误差。

（13）横轴倾斜误差：横轴倾斜误差指经纬仪横轴与竖轴不垂直的误差。

（14）竖轴倾斜误差：若仪器未严格整平，将使竖轴产生倾斜，称为竖轴倾斜误差。

（15）仪器对中误差：当仪器未严格对中时产生的误差，称为仪器对中误差，又称测站偏心差。

（16）目标偏心误差：目标偏心误差指照准目标标志偏离实际地面点位的误差。

（17）直线定线：直线定线是指把许多点确定在一条直线上的工作，以满足分段距离丈量精度要求。

（18）视距测量：视距测量是利用望远镜内十字丝分划板上视距丝，根据几何光学原理并配合视距尺间接测量水平距离和高差的一种方法。

（19）直线定向：直线定向就是指确定直线与标准方向线夹角的工作。

（20）真子午线：真子午线指真子午面与地球表面的交线。

（21）真北方向：地面上一点的真子午线切线北方向，称为真北方向。

（22）坐标北方向：平面直角坐标系统中，坐标纵轴所指方向称为坐标北方向。

（23）磁北方向：罗盘仪的磁针静止时，其所指向的北方向称为磁北方向，也称为磁子午线方向。磁偏角：由于地球的南北极与地球的磁极不重合，导致地面上某一点的真北方向和磁北方向不一致，两者的差异称为磁偏角。

（24）方位角：从直线起始点上的标准北方向起，顺时针旋转至直线位置所形成的角度，称为该直线的方位角。

（25）真方位角：由真北方向作为标准方向的方位角，称为真方位角。

（26）坐标方位角：由坐标北方向作为标准方向的方位角，称为坐标方位角。

（27）磁方位角：由磁北方向作为基本方向的方位角，称为磁方位角。

4.2.2 简答题

（1）高程测量最常用的方法有哪几种？其原理是什么？

1）水准测量原理：利用水准仪提供的水平视线，在竖立在两点上的水准尺上读数，计算两点间的高差，从而由已知点的高程推算未知点的高程。

2）三角高程测量原理：利用全站仪提供倾斜视线，照准未知点的棱镜，测得斜距和竖直角，再量取仪器高和棱镜高就可以计算两点间高差，从而由已知点的高程计算未知点的高程。

（2）水准仪分哪几类？

1）按仪器精度分：高精密水准仪，精密水准仪，普通水准仪。

2）按仪器构造分：微倾式水准仪，光学自动安平水准仪和电子自动安平水准仪。

（3）简述粗略整平定义及具体步骤。

利用三脚架与脚螺旋使圆水准器气泡居中，以粗略整平水准仪。首先使圆水准器处于两个脚螺旋的一侧，并同时反方向旋转两脚螺旋，使气泡左右居中，再调节另一脚螺旋，使气泡前后居中。反复进行调节，直至望远镜转至任何方向时，气泡均居中。在调节过程中，气泡运动方向总是与左手大拇指运动方向一致。

（4）单一水准测量路线高差总和检核的方法有哪几种？哪种方法最好？

水准测量路线高差总和检核的方法有三种：

1）支水准测量法；

2）闭合水准测量法；

3）附和水准测量法。

附和水准测量法最好。它不仅能发现高差总和测量是否有错误，还能发现已知水准点的位置是否发生变动和已知水准点的高程是否有错误。

（5）微倾式水准仪应满足的几何条件有哪些？

1）圆水准器的轴线应平行于竖轴；

2）十字丝横丝应垂直于竖轴；

3）水准管轴平行于视准轴。

（6）水准测量时每测站要求前后视距距离相等可消除哪些误差的影响？

1）视准轴不平行于水准管轴的误差；

2）地球曲率的影响；

3）大气折光的影响。

（7）什么叫视差？产生原因？如何消除？

当望远镜瞄准目标后，眼睛在目镜端上下移动，发现十字丝与目标发生相对移动，这种现象称为视差。产生原因是目标的成像与十字丝平面不重合。消除视差的方法：必须按照操作程序依次调焦。

（8）什么是水平角、竖直角？

1）水平角：地面上一点到两个目标的方向线垂直投影到水平面上所夹的角度，用 β 表示。水平角取值范围 0～360°。

2）竖直角：在同一竖直面内，视线与水平线的夹角，用 α 表示。竖直角的取值范围 －90°～＋90°。

（9）经纬仪分哪几类？

1）按仪器精度分：高精密经纬仪；精密经纬仪；普通经纬仪。

2）按仪器构造分：光学经纬仪，电子经纬仪。

（10）简述分微尺读数法

分微尺读数窗口有上下两个分微尺，用以分别读取水平读盘和竖直读盘读数不足 1°的值。分微尺有 60 个刻画，每个刻度表示 1′，可估读到 0.1′，图 4-28 所示读数为215°07.1′和78°52.0′。

（11）简述单平板玻璃测微器读数法

在单平板玻璃测微器读数窗口读数时，需先转动测微手轮，使双丝与某一刻画线平分，此刻画即为读数，不足 30′的分与秒由上面的测微尺窗口读取，如图 4-29 所示，读数为49°52′40″和107°01′10″。其中最上面窗的测微尺由 30 个大格构成，每个大格 1′，一个大格分 3 个小格，每个小格 20″，故最小估读值为 20″。

（12）水平角测量的常用方法有哪几种？适用场合？

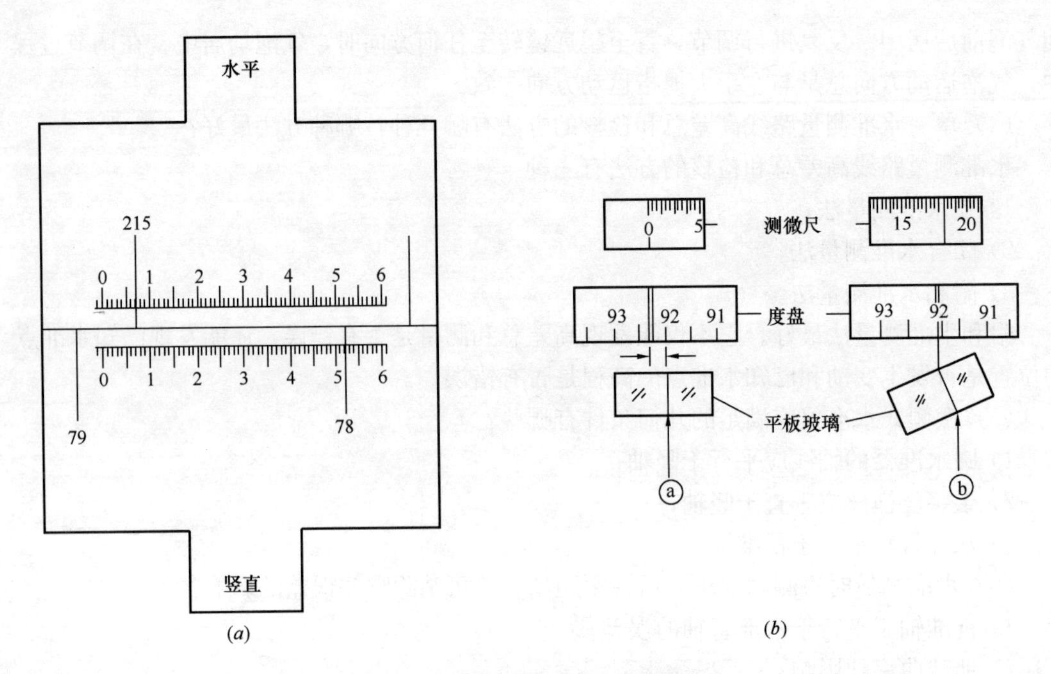

图 4-28 DJ_6光学经纬仪的读数法

(*a*) 分微尺读数法；(*b*) 单平板玻璃测微器读数法

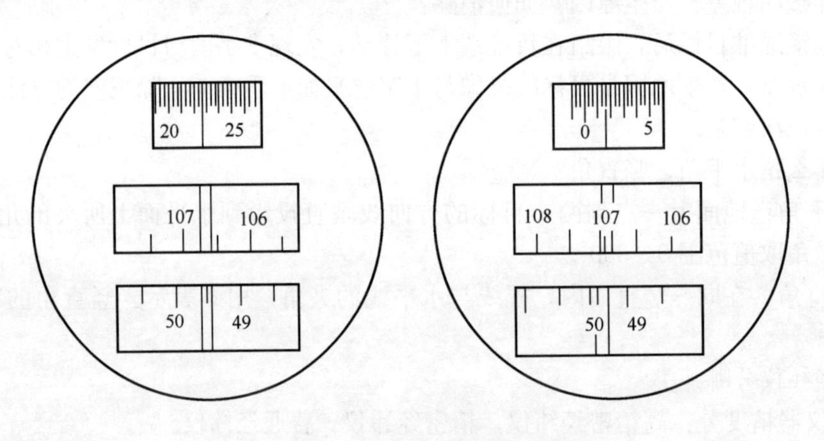

图 4-29 单平板玻璃测微器读数法

1）测回法：适用于观测两个方向之间的水平角。

2）方向法（全圆方向观测法）：适用于观测三个及以上方向之间的水平角。

3）全圆方向观测法：适用于观测远远大于三个方向之间的水平角。

(13) 经纬仪应满足的几何条件有哪些？

1）照准部水准管轴应垂直于竖轴；

2）横轴垂直于竖轴；

3）视准轴垂直于横轴；

4）十字丝竖丝垂直于横轴；

5）竖盘指标差应为 0；

6）光学对中器的视准轴与竖轴重合。

(14) 经纬仪在角度测量时采用盘左、盘右观测可消除哪些误差的影响?

1) 视准轴不垂直于横轴的误差;

2) 横轴不垂直于竖轴的误差;

3) 水平度盘的偏心误差;

4) 竖盘指标差。

(15) 电子经纬仪具有哪些特点?

1) 实现了测量读数、记录、计算、显示的自动化,测量速度快,精度高;

2) 能自动测定经纬仪的三轴误差,并能对角度进行自动改正;

3) 可与电磁波测距组合而成全站式仪器,可直接测量水平角、竖直角和斜距,显示待定点的坐标;

4) 电子经纬仪上有数据接口,可以直接将数据传入计算机并与绘图机结合,实现测量、计算、绘图一体化。

(16) 光电测距的基本原理与标称精度是什么?

1) 基本原理

欲测 A、B 两点的距离 D,在 A 点置测距仪,在 B 点置反射棱镜。测距仪发射光束由 A 点到 B 点,经棱镜反射后又返回到仪器。设光速 c 为已知,如果光束在待测距离 D 上往返传播时间 t 也已知,待测距离 D 可由下式求出:

$$D = \frac{1}{2}ct = Nu + \Delta D$$

式中 c——电磁波在真空中的传播速度;

t——传播时间;

u——一个测尺长度或光尺,为半波长,即$\frac{\lambda}{2}$;

N——整相位数;

ΔD——非整相位数。

2) 标称精度

光电测距的固定误差为 a,比例误差系数为 b,设所测距离值为 D(单位 km),则标称精度可以用下式来表示:

$$m_{\mathrm{D}} = a + bD(\mathrm{mm})$$

(17) 光电测距仪分哪几类?

1) 按精度分Ⅰ级测距仪;Ⅱ级测距仪;Ⅲ级测距仪;Ⅳ级测距仪。

2) 按测程分短程测距仪 $D<3\mathrm{km}$;中程测距仪 $3\mathrm{km}\leqslant D\leqslant 15\mathrm{km}$;远程测距仪 $D>15\mathrm{km}$。

(18) 光电测距仪测得斜距,需要加哪些改正后才能得到水平距离?

测距仪仪器加常数改正、乘常数改正,气象改正,倾斜改正。

(19) 水准测量时为什么要求前后视距相等?

水准仪视准轴不平行于管水准器轴之差称为 i 角,当每站的前后视距相等时,i 角对前后视读数的影响大小相等,符号相同,计算高差时可以抵消。

(20) 视差是如何产生的?消除视差的步骤?

物像没有成在十字丝分划板上。望远镜照准明亮背景，旋转目镜调焦螺旋，使十字丝十分清晰；照准目标，旋转物镜调焦螺旋，使目标像十分清晰。

（21）用公式 $R_{AB}=\arctan\dfrac{\Delta y_{AB}}{\Delta x_{AB}}$ 计算出的象限角 R_{AB}，如何将其换算为坐标方位角 α_{AB}？

$\Delta x_{AB}>0$，$\Delta y_{AB}>0$ 时，$R_{AB}>0$，$A\rightarrow B$ 方向位于第一象限，$\alpha_{AB}=R_{AB}$；

$\Delta x_{AB}<0$，$\Delta y_{AB}>0$ 时，$R_{AB}<0$，$A\rightarrow B$ 方向位于第二象限，$\alpha_{AB}=R_{AB}+180°$；

$\Delta x_{AB}<0$，$\Delta y_{AB}<0$ 时，$R_{AB}>0$，$A\rightarrow B$ 方向位于第三象限，$\alpha_{AB}=R_{AB}+180°$；

$\Delta x_{AB}>0$，$\Delta y_{AB}<0$ 时，$R_{AB}<0$，$A\rightarrow B$ 方向位于第四象限，$\alpha_{AB}=R_{AB}+360°$。

4.2.3 计算题

（1）后视点 A 的高程为 18.516m，后视标尺读数为 1.345m，前视点 B 的标尺读数为 1.587m，问 B 点比 A 点高还是低？A、B 两点高差是多少？B 点高程是多少？

【解析】 1）B 点比 A 点低。

2）$h_{AB}=1.345-1.587=-0.242\text{m}$

3）$H_B=H_A+h_{AB}=18.516+(-0.242)=18.274\text{m}$

（2）计算表中水准测量观测高差及 B 点高程。

水准测量记录计算

测站	点号	读数		高差（m）		高程（m）	备注
		后视（a）	前视（b）	+	−		
Ⅰ	BMA	1832				29.053	已知高程
	TP1		0671				
Ⅱ	TP1	1536					
	TP2		0615				
Ⅲ	TP2	1624					
	TP3		0612				
Ⅳ	TP3	0713					
	TP4		1634				
Ⅴ	TP4	1214					
	B		2812				
Σ							
计算校核		$\Sigma a-\Sigma b=$		$\Sigma h=$			

水准测量记录计算

测站	点号	读数		高差（m）		高程（m）	备注
		后视（a）	前视（b）	+	−		
Ⅰ	BMA	1832		1.161		29.053	已知高程
	TP1		0671				
Ⅱ	TP1	1536		0.921			
	TP2		0615				

续表

测站	点号	读数		高差（m）		高程（m）	备注
		后视（a）	前视（b）	+	−		
Ⅲ	TP2	1624		1.012			
	TP3		0612				
Ⅳ	TP3	0713			0.921		
	TP4		1634				
Ⅴ	TP4	1214			1.598		
	B		2812			29.628	
Σ		6.919	6.344	3.094	2.519		
计算校核		$\Sigma a-\Sigma b=0.575$		$\Sigma h=0.575$			

（3）安置水准仪在 A、B 两固定点的中点处，已知 A、B 两点相距 80m，A 尺读数 $a_1=1.367\text{m}$，B 尺上读数 $b_1=1.108\text{m}$，然后搬水准仪至 B 点附近，又读 A 尺上读数 $a_2=1.685\text{m}$，B 尺上读数 $b_2=1.405\text{m}$。问：水准管轴是否平行于视准轴？如果不平行，则当水准管气泡居中时，视准轴是向上倾斜还是向下倾斜？i 角值是多少？如何进行校正？

【解析】

1）不平行

2）向上倾斜

3）$i=+45''$

$$h_{AB}=a_1-b_1$$

$$h'_{AB}=a_2-b_2$$

$$i''=\frac{h'_{AB}-h_{AB}}{D_{AB}}\cdot\rho''$$

式中 $\rho''=206265''$ 如果 i 角大于 $20''$，则需要进行校正。

4）校正时，十字丝中丝对准正确读数 1.664m，用校正针使管水准器居中。

（4）整理表中竖直角观测记录。

竖直角观测记录计算

测站	目标	盘左读数（° ′ ″）	盘右读数（° ′ ″）	指标差（″）	竖直角（° ′ ″）	仪器高	目标高	目标位置
O	A	79 20 24	280 40 00			1.43	1.80	标杆顶
	B	98 32 18	261 27 54			1.43	1.80	标杆顶

竖直角观测记录计算

测站	目标	盘左读数（° ′ ″）	盘右读数（° ′ ″）	指标差（″）	竖直角（° ′ ″）	仪器高	目标高	目标位置
O	A	79 20 24	280 40 00	$+12''$	$+10°39'48''$	1.43	1.80	标杆顶
	B	98 32 18	261 27 54	$+6''$	$-8°32'24''$	1.43	1.80	标杆顶

指标差 $$x=\frac{1}{2}(R+L-360°)$$

竖直角 $$\alpha=\frac{1}{2}(R-L-180°)$$

(5) 丈量一段距离，往测为324.68m，返测为324.60m，求距离丈量的相对精度及两点间的最后结果。

【解析】 $$K=\frac{|D_{往}-D_{返}|}{D_{平均}}=\frac{|324.68-324.60|}{(324.68+324.60)/2}=1/4058$$

$$L=\frac{D_{往}+D_{返}}{2}=\frac{324.68+324.60}{2}=324.64\text{m}$$

(6) 一台经纬仪观测水准角，一测回观测中误差为$\pm6''$，如要用此经纬仪测角精度达到$\pm2''$，应观测几个测回？

【解析】 由题意$m=\pm6''$，$M=\pm2''$

根据 $$M=\frac{m}{\sqrt{n}},$$

则 $$n=\left(\frac{m}{M}\right)^2=\left(\frac{6}{2}\right)^2=9\text{（测回）}$$

(7) 水准测量中，一次读数受到气泡整平误差、目标照准误差、读数估读误差以及水准尺刻画误差等共同影响。若设$m_{整平}=\pm1.2\text{mm}$、$m_{瞄准}=\pm0.8\text{mm}$、$m_{估读}=\pm0.5\text{mm}$、$m_{刻画}=\pm0.3\text{mm}$，试求一次读数的中误差$m_{读}$。

【解析】 由公式$m_y=\pm\sqrt{m_{x1}^2+m_{x2}^2+\cdots\cdots+m_{xn}^2}$得：

$$m_{读}=\pm\sqrt{m_{整平}^2+m_{瞄准}^2+m_{估读}^2+m_{刻画}^2}=\pm1.6\text{mm}$$

(8) 设A点高程为15.023m，欲测设计高程为16.000m的B点，水准仪安置在A、B两点之间，读得A尺读数$a=2.340\text{m}$，B尺读数b为多少时，才能使尺底高程为B点高程。

【解析】 水准仪的仪器高为$H_i=15.023+2.23=17.363\text{m}$，则$B$尺的后视读数应为

$b=17.363-16=1.363\text{m}$，此时，$B$尺零点的高程为16m。

(9) 在同一观测条件下，对某水平角观测了五测回，观测值分别为：39°40′30″，39°40′48″，39°40′54″，39°40′42″，39°40′36″，试计算：

①该角的算术平均值——39°40′42″；

②一测回水平角观测中误差——$\pm9.487''$；

③五测回算术平均值的中误差——$\pm4.243''$。

(10) 已知$\alpha_{AB}=89°12'01''$，$x_B=3065.347\text{m}$，$y_B=2135.265\text{m}$，坐标推算路线为$B\to1\to2$，测得坐标推算路线的右角分别为$\beta_B=32°30'12''$，$\beta_1=261°06'16''$，水平距离分别为$D_{B1}=123.704\text{m}$，$D_{12}=98.506\text{m}$，试计算1，2点的平面坐标。

【解析】 1）推算坐标方位角

$\alpha_{B1}=89°12'01''-32°30'12''+180°=236°41'49''$

$\alpha_{12}=236°41'49''-261°06'16''+180°=155°35'33''$

2）计算坐标增量

$\Delta x_{B1}=123.704\times\cos236°41'49''=-67.922m$，

$\Delta y_{B1}=123.704\times\sin236°41'49''=-103.389m$。

$\Delta x_{12}=98.506\times\cos155°35'33''=-89.702m$，

$\Delta y_{12}=98.506\times\sin155°35'33''=40.705m$。

3）计算1，2点的平面坐标

$x_1=3065.347-67.922=2997.425m$

$y_1=2135.265-103.389=2031.876m$

$x_2=2997.425-89.702=2907.723m$

$y_2=2031.876+40.705=2072.581m$

（11）试完成下列测回法水平角观测手簿的计算。

测站	目　标	竖盘位置	水平度盘读数 (° ′ ″)	半测回角值 (° ′ ″)	一测回平均角值 (° ′ ″)
一测回	A	左	0 06 24	111 39 54	111 39 51
	C		111 46 18		
	A	右	180 06 48	111 39 48	
	C		291 46 36		

（12）完成下列竖直角观测手簿的计算，不需要写公式，全部计算均在表格中完成。

测站	目标	竖盘位置	竖盘读 (° ′ ″)	半测回竖直角 (° ′ ″)	指标差 (″)	一测回竖直角 (° ′ ″)
A	B	左	81 18 42	8 41 18	6	8 41 24
		右	278 41 30	8 41 30		
	C	左	124 03 30	−34 03 30	12	−34 03 18
		右	235 56 54	−34 03 06		

（13）用计算器完成下表的视距测量计算。其中仪器高 $i=1.52m$，竖直角的计算公式为 $\alpha_L=90°-L$ 。（水平距离和高差计算取位至0.01m，需要写出计算公式和计算过程）

目　标	上丝读数 (m)	下丝读数 (m)	竖盘读数 (° ′ ″)	水平距离（m）	高差（m）
1	0.960	2.003	83°50′24″	103.099	11.166

（14）已知1、2点的平面坐标列于下表，试用计算器计算坐标方位角 α_{12} ，计算取位到1″。

点　名	X（m）	Y（m）	方　向	方位角（° ′ ″）
1	44810.101	23796.972		
2	44644.025	23763.977	1→2	191 14 12.72

（15）在测站A进行视距测量，仪器高 $i=1.45m$，望远镜盘左照准B点标尺，中丝读数 $v=2.56m$，视距间隔为 $l=0.586m$，竖盘读数 $L=93°28'$，求水平距离 D 及高差 h。

【解析】 $D=100l\cos^2(90-L)=100\times0.586\times(\cos(90-93°28'))^2=58.386m$

$h = D\tan(90-L)+i-v = 58.386\times\tan(-3°28')+1.45-2.56 = -4.647\text{m}$

（16）用钢尺往、返丈量了一段距离，其平均值为 167.38m，要求量距的相对误差为 1/15000，问往、返丈量这段距离的绝对误差不能超过多少？

【解析】 $\dfrac{\Delta}{D}<\dfrac{1}{15000}$，$\Delta = D/15000 = 167.38/15000 = 0.011\text{m}$。

（17）用钢尺丈量一条直线，往测丈量的长度为 217.30m，返测为 217.38m，今规定其相对误差不应大于 1/2000，试问：

1）此测量成果是否满足精度要求？2）按此规定，若丈量 100m，往返丈量最大可允许相差多少毫米？

【解析】 $D=\dfrac{1}{2}$（$D_{往}+D_{返}$）$=\dfrac{1}{2}$（217.30+217.38）=217.34（m），$\Delta D = D_{往} - D_{返} = 217.30-217.38 = -0.08$（m）

1）$K=\dfrac{1}{\dfrac{D}{|\Delta D|}}=\dfrac{1}{\dfrac{217.34}{0.08}}=\dfrac{1}{2716}<\dfrac{1}{2000}$，此丈量结果能满足要求的精度。

2）设丈量 100m 距离往返丈量按此要求的精度的误差为 ΔD 时，则 $|\Delta| = K_{容}\times 100$（m）$=\dfrac{1}{2000}\times 100$（m）=0.05（m），则$\leqslant \pm 0.05$（m）。

（18）对某段距离往返丈量结果已记录在距离丈量记录表中，试完成该记录表的计算工作，并求出其丈量精度，见下表。

测线		整尺段	零尺段		总计	差数	精度	平均值
AB	往	5×50	18.964					
	返	4×50	46.456	22.300				

【解析】

距离丈量记录表

测线		整尺段	零尺段		总计	差数	精度	平均值
AB	往	5×50	18.964		268.964	0.10	1/2600	268.914
	返	4×50	46.564	22.300	268.864			

（19）在对 S3 型微倾水准仪进行 i 角检校时，先将水准仪安置在 A 和 B 两立尺点中间，使气泡严格居中，分别读得两尺读数为 $a_1=1.573\text{m}$，$b_1=1.415\text{m}$，然后将仪器搬到 A 尺附近，使气泡居中，读得 $a_2=1.834\text{m}$，$b_2=1.696\text{m}$，问：

1）正确高差是多少？2）水准管轴是否平行视准轴？3）若不平行，应如何校正？

【解析】 据题意知：

1）正确的高差 $h_1=a_1-b_1=1.573\text{m}-1.415\text{m}=0.158\text{m}$

2）$b'_2=a_2-h_1=1.834\text{m}-0.158\text{m}=1.676\text{m}$，而 $b_2=1.696\text{m}$，$b_2-b'_2=1.696\text{m}-1.678\text{m}=0.02\text{m}$ 超过 5mm，说明水准管轴与视准轴不平行，需要校正。

3）校正方法：水准仪照准 B 尺，旋转微倾螺旋，使十字丝对准 1.676m 处，水准管气泡偏离中央，拨调水准管的校正螺旋（左右螺栓松开、下螺栓退，上螺栓进）使气泡居中（或符合），拧紧左右螺栓，校正完毕。

(20) 如图 4-30 所示，在水准点 BM_1 至 BM_2 间进行水准测量，试在水准测量记录表中。

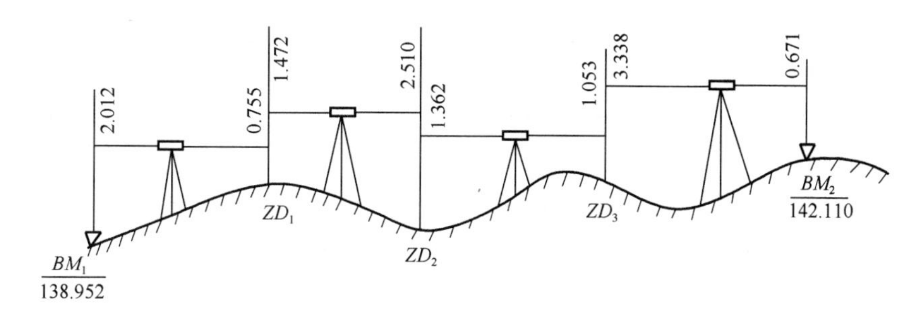

图 4-30 题 (20) 图

进行记录与计算，并做计算校核（已知 BM_1＝138.952m，BM_2＝142.110m）。

水准测量记录表

测　点	后视读数（m）	前视读数（m）	高差（m）		高程（m）
			+	−	
Σ					

水准测量记录表

测站	后视读数（m）	前视读数（m）	高　差		高程（m）
			+（m）	−（m）	
BM_1	2.012		1.257		138.95
ZD_1	1.472	0.755		1.038	140.209
ZD_2	1.362	2.510	0.309		139.171
ZD_3	3.338	1.053	2.667		139.171
BM_2		0.671			142.110
Σ	8.184	4.989	4.233	1.038	

校核：$\Sigma a-\Sigma b$＝3.195m，$\Sigma a-\Sigma b$＝3.195m，f_k＝0.037m。

(21) 在水准点 BM_a 和 BM_b 之间进行水准测量，所测得的各测段的高差和水准路线长如图 4-31 所示。已知 BM_a 的高程为 5.612m，BM_b 的高程为 5.400m。试将有关数据填在水准测量高差调整表中，最后计算水准点 1 和 2 的高程。

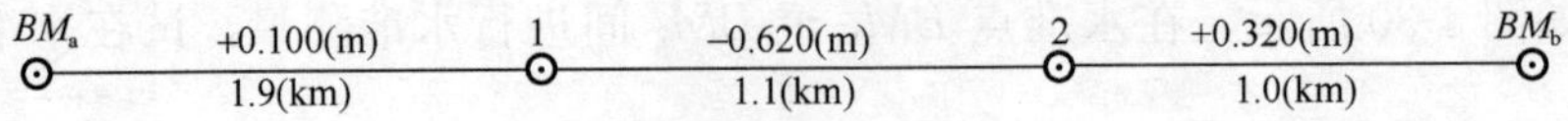

BM_a +0.100(m) 1.9(km) 1 −0.620(m) 1.1(km) 2 +0.320(m) 1.0(km) BM_b

图 4-31　题（21）图

水准测量高程调整表

点号	路线长（km）	实测高差（m）	改正数（mm）	改正后高差（m）	高程（m）
BM_a					5.612
1					
2					
BM_b					5.400
Σ					

$H_b - H_a =$

$f_H =$

$f_{H允} =$

每公里改正数＝

【解析】　据题意，

水准测量高程调整表

点　号	路线（km）	实测高差（m）	改正数（m）	改正后高差	高程
BM_a					5.612
	1.9	+0.006	−0.006	+0.094	
1					5.706
	1.1	−0.003	−0.003	−0.623	
2					5.083
	1.0	+0.003	−0.003	+0.317	
BM_b					5.400
	4.0	−0.200	−0.012	−0.212	
Σ					

$H_{BMa} - H_{BMb} = 5.400 - 5.612 = -0.212$（m）

$f_h = \Sigma h -（H_b - H_a）= -0.200 + 0.212 = +0.012$（m）

$f_{k允} = \pm 30\sqrt{L} = \pm 60$（mm）$> f_k$

每公里改正数＝－（+0.012）/4.0＝－0.003（m/km）

改正后校核：$\Sigma h -（H_{BMb} - H_{BMa}）= -0.212 + 0.212 = 0$

（22）在 B 点上安置经纬仪观测 A 和 C 两个方向，盘左位置先照准 A 点，后照准 C 点，水平度盘的读数为 6°23′30″和 95°48′00″；盘右位置照准 C 点，后照准 A 点，水平度盘读数分别为 275°48′18″和 186°23′18″，试记录在测回法测角记录表中，并计算该测回角值是多少？

测回法测角记录表

<table>
<tr><th>测 站</th><th>盘 位</th><th>目 标</th><th>水平度盘读数
(° ′ ″)</th><th>半测回角值
(° ′ ″)</th><th>一测回角值
(° ′ ″)</th><th>备 注</th></tr>
<tr><td rowspan="4"></td><td rowspan="2"></td><td></td><td></td><td rowspan="2"></td><td rowspan="4"></td><td rowspan="4"></td></tr>
<tr><td></td><td></td></tr>
<tr><td rowspan="2"></td><td></td><td></td><td rowspan="2"></td></tr>
<tr><td></td><td></td></tr>
</table>

据题意，

测回法测角记录表

<table>
<tr><th>测 站</th><th>盘 位</th><th>目 标</th><th>水平度盘读数
(° ′ ″)</th><th>半测回角值
(° ′ ″)</th><th>一测回角值
(° ′ ″)</th><th>备 注</th></tr>
<tr><td rowspan="4">B</td><td rowspan="2">盘左</td><td>A</td><td>6 23 30</td><td rowspan="2">89 24 30</td><td rowspan="4">89 24 45</td><td rowspan="4"></td></tr>
<tr><td>C</td><td>95 48 00</td></tr>
<tr><td rowspan="2">盘右</td><td>A</td><td>186 23 18</td><td rowspan="2">89 25 00</td></tr>
<tr><td>C</td><td>275 48 18</td></tr>
</table>

（23）某经纬仪（图 4-32）竖盘注记形式如下所述，将它安置在测站点 O，瞄准目标 P，盘左是竖盘读数是 $112°34'24''$，盘右时竖盘读数是 $247°22'48''$。试求：1）目标 P 的竖直角；2）判断该仪器是否有指标差存在？是否需要校正？（竖盘盘左的注记形式如图 4-32 所示：度盘顺时针刻划，物镜端为 0°，目镜端为 180°，指标指向 90°位置）

【解析】 由题意知，竖盘构造如图 4-32 所示。

1）竖直角 $\alpha_{左}=L-90°$，$\alpha_{右}=270°-R$

2）指标差 $\alpha=\frac{1}{2}(\alpha_{左}+\alpha_{右})=22°35'48''$

3）因指标差大于 $1'$，故需校正。

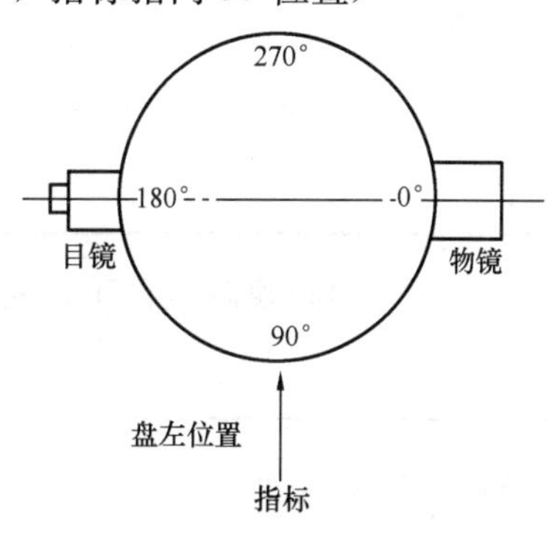

图 4-32 题（23）图

（24）某台经纬仪的竖盘构造是：盘左位置当望远镜水平时，指标指在 90°，竖盘逆时针注记，物镜端为 0°。用这台经纬仪对一高目标 P 进行观测，测得其盘右的读数为 $263°18'25''$，试确定盘右的竖直角计算公式，并求出其盘右时的竖直角。

【解析】 由题意知，竖盘构造如图 4-33 所示。

$\alpha_{左}=L-90°$，$\alpha_{右}=270°-R$ 由题中知：$R=263°18'25''$

∴ $\alpha_{右}=270°-R=6°41'35''$

（25）某测量小组利用全站仪测量 A、B 两点高差，测得竖直角为 $-2°30'42''$，A 高程为 283.50m，仪器高为 1.5m，AB 间斜距为 246.342m，棱镜高为 1.74m，求 AB 间水平距离及 B 点高程。

【解析】 平距＝斜距×cosα＝246.342×cos($-2°30'42''$)＝246.105m

高差＝斜距×sin$\alpha-i+V$＝246.342×sin($-2°30'42''$)－1.5＋1.74＝－10.555m

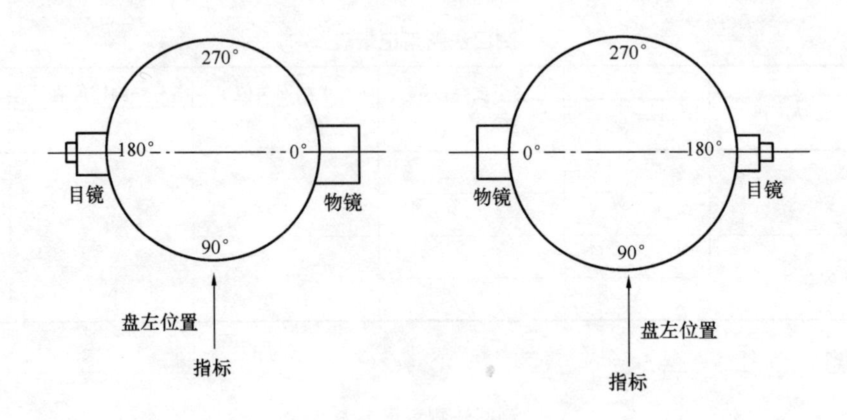

图 4-33　题（24）图

B 点高程$=H_A+h_{AB}=283.50+(-10.555)=272.945$m

答：AB 间水平距离为 246.105m，B 点高程为 272.945m。

（26）完成下表图根水准的内业计算

点号	距离（kM）	测的高差（m）	改正数（mm）	改正后高差（m）	高程（m）
BMA					24.383
	1.8	4.673	−10	4.663	
1					29.046
	2.3	−3.234	−13	−3.247	
2					25.799
	3.4	5.336	−19	5.317	
3					31.116
	2.0	−6.722	−11	−6.733	
BMA					24.383
Σ	9.5	+0.053	−53		
辅助计算	$f_h=+0.053$m $f_{h容}=\pm 40\sqrt{9.5}=123.28$mm				

（27）在相同观测条件下，对一段距离进行了 5 次观测，成果见下表，试对其精度评定。

次数	观测值（m）	V（mm）	VV	精　度　评　定
1	398.765	+7.6	57.76	算术平均值 $X=398.7726$
2	398.779	−6.4	40.96	观测值中误差$=\sqrt{\frac{137.2}{5-1}}=5.857$
3	398.768	+4.6	21.16	算术平均值中误差$=\sqrt{\frac{137.2}{5(5-1)}}=2.619$
4	398.776	−3.4	11.56	相对中误差 $K=\frac{\lvert m\rvert}{L}=\frac{0.005857}{398.7726}=\frac{1}{6600}$
5	398.775	−2.4	5.76	

（28）已知设计水平距离 D_{AB} 为 25.000m，试在地面上由 A 点测设 B 点。先用 30m 钢尺按一般方法标定出 B' 点，再用精密方法测量出 $D_{AB'}=25.008$m。钢尺的检定长为 29.996m，检定时温度 $t_0=20$℃，测量时温度 $t=8$℃，A、B 两点间高差为 0.65m。如何

得到正确的 B 点？

【解析】 尺长改正数：$\Delta l_{D}=(29.996-30)/30\times25.008=-0.003m$

温度改正数：$\Delta l_{t}=1.25\times10^{-5}\times(8-20)\times25.008=-0.004m$

倾斜改正数：$\Delta l_{h}=\dfrac{0.65^{2}}{2\times25.008}=-0.008m$

所以 $D'=D_{AB'}+\Delta l_{D}+\Delta l_{t}+\Delta l_{h}=24.993m$

$\delta=D-D'=+0.007m$，故 B' 点应向外移动 7mm，得到正确的 B 点，此时 AB 的水平距离正好为 25.000m。

4.3 思考练习

4.3.1 简答题

（1）什么是水平角？什么是垂直角？

（2）水平角观测的条件是什么？为什么与仪器高无关？

（3）经纬仪的基本构造是由哪些部件组成的？各起什么作用？

（4）望远镜由哪些主要部件组成？各起什么作用？

（5）望远镜的放大率和视场的含义各是什么？两者之间成何关系？

（6）什么叫视差？如何消除视差？

（7）什么是水准器的分划值？有什么作用？

（8）用测回法或方向法怎样观测水平角，观测中有何规定和要求？

（9）经纬仪应满足哪些几何条件？一般应进行哪几项检校？其原理和方法是什么？

（10）什么是照准部偏心差？如何在观测中发现这种误差？怎样消除它对水平角的影响？为什么？

（11）哪项误差不能通过正倒镜观测的方法消除？为什么？作业中应如何注意此项误差的影响？

（12）简述安置经纬仪（利用光学对点器）的主要步骤。

（13）普通视距测量的误差来源有哪些？主要影响因素是什么？

（14）视距尺竖立不直的误差对距离的影响规律是什么？

（15）什么是视距测量？视距测量有哪些分类？

（16）试推导视准轴倾斜时的视距测量公式。

4.3.2 计算题

（1）用全站仪测得碎部点 1 的竖直角为 $-3°36'$，斜距为 142.72m，观测时镜高为 2m，仪器高为 1.34m，测站点 A 高程为 75.0m，求碎部点 1 距 A 点水平距离及 1 点高程。

（2）某经纬仪竖盘注记为逆时针，已知盘左读数为 $91°24'36''$，盘右读数为 $268°36'12''$，求该竖直角 α 及指标差 X。

（3）在对 S3 型微倾水准仪进行角检校时，先将水准仪安置在 A 和 B 两立尺点中间，使气泡严格居中，分别读得两尺读数为 $a_{1}=1.573m$，$b_{1}=1.415m$，然后将仪器搬到 A 尺附近，使气泡居中，读得 $a_{2}=1.834m$，$b_{2}=1.696m$，问 1）正确高差是多少？2）水准管轴是否平行视准轴？3）若不平行，应如何校正？

（4）已知水准点 BM_{1} 的高程为 $H_{1}=19.479m$，BM_{2} 的高程为 $H_{2}=22.032m$，测段

的高程及测站数如图 4-34 所示，计算 1，2，3 各点高程。

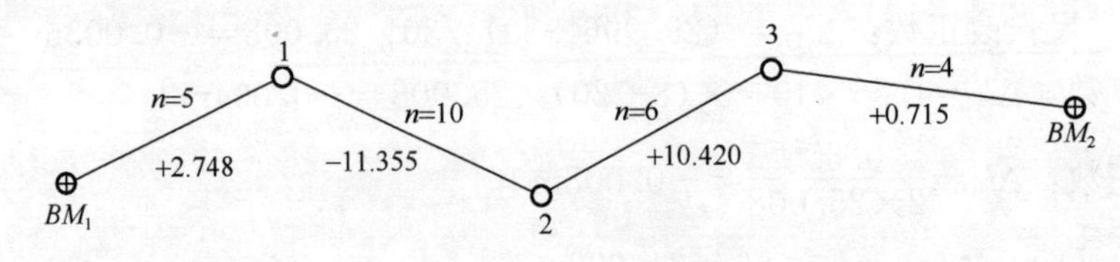

图 4-34 题（4）图

（5）两次变动仪高法观测一条水准路线，其观测结果如图 4-35 所示，图中视线上方的数字为第 2 次仪器高的读数，试计算高差。

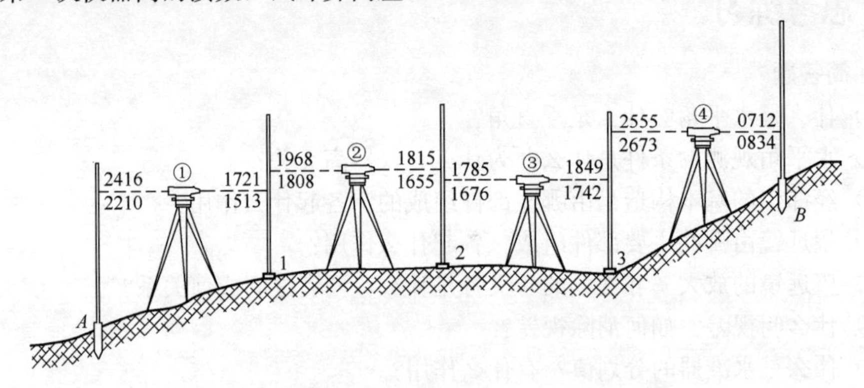

图 4-35 题（5）图

（6）闭合水准路线观测结果如图 4-36 所示，已知，试进行高差闭合差的调整与高程计算。

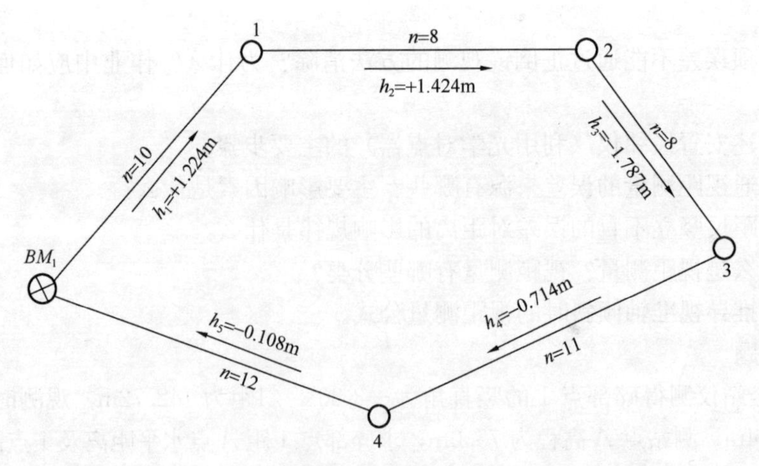

图 4-36 题（6）图

（7）表 4-1 为一附合水准路线的观测结果，试计算 A，B，C 三点的高程。

（8）某经纬仪竖盘注记形式如下所述，将它安置在测站点 O，瞄准目标 P，盘左时竖盘读数是 112°34′24″，盘右时竖盘读数是 247°22′48″。试求 1）目标 P 的竖直角；2）判断该仪器是否有指标差存在？是否需要校正？（竖盘盘左的注记形式：度盘顺时针刻划，物镜端为 0°；目镜端为 180°；指标指向 90°位置）

图根水准测量的成果处理　　表 4-1

点　名	测站数	观测高差 h_i（m）	改正数 V_i（m）	改正后高差 h_i（m）	高程 H（m）
BM_1					489.523
	15	+4.675			
A					
	21	−3.238			
B					
	10	4.316			
C					
	19	−7.715			
BM_2					487.50
Σ					
辅助计算	$H_2-H_1=$ $f_h=$ $f_{h容}=$ 一站高差改正数$=\frac{1}{总站数}\cdot f_h$				

（9）请读出下列读数，如图 4-37 所示。

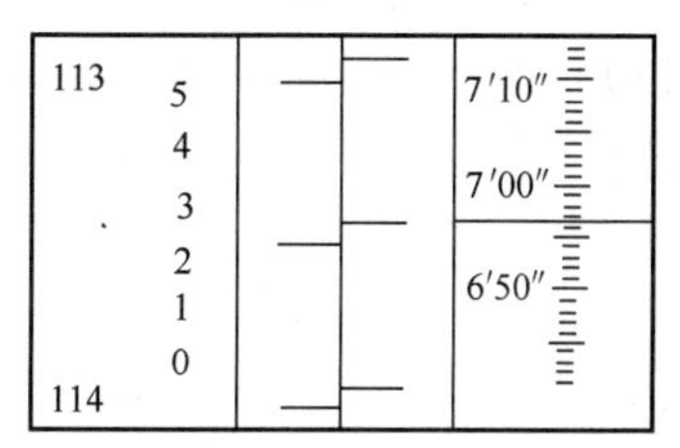

113 5 4 3 2 1 0 114 9′10″ 9′00″ 8′50″ 8′40″

(*a*)

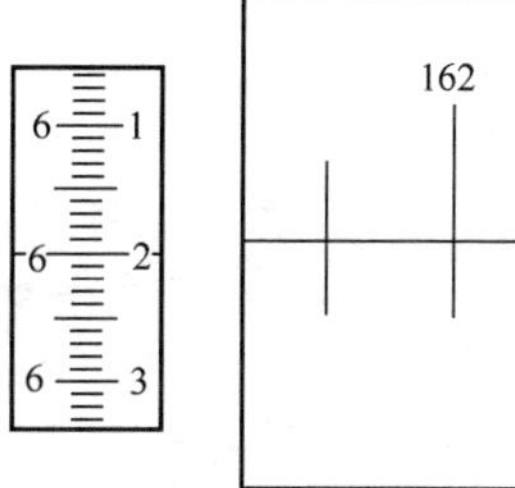

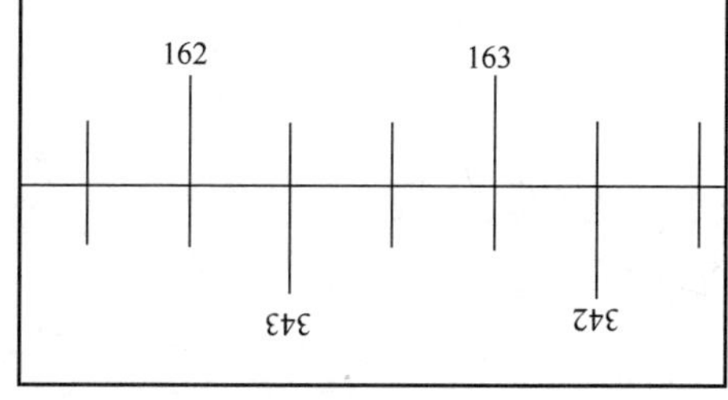

(*b*)

20 25 93 92 91 90 51 50 49 48

15 20 93 92 91 90 51 50 49 48

(*c*)

图 4-37　题（9）图

（10）某台经纬仪的竖盘构造是：盘左位置当望远镜水平时，指标指在 90°，竖盘逆时针注记，物镜端为 0°。用这台经纬仪对一高目标 P 进行观测，测得其盘右的读数为 263°18′25″，试确定盘右的竖直角计算公式，并求出其盘右时的竖直角。

（11）对某基线丈量六次，其结果为：$L_1=246.535$m，$L_2=246.548$m，$L_3=246.520$m，$L_4=246.529$m，$L_5=246.550$m，$L_6=246.537$m。试求：1）算术平均值；2）每次丈量结果的中误差；3）算术平均值的中误差和基线相对误差。

（12）观测 BM_1 至 BM_2 间的高差时，共设 25 个测站，每测站观测高差中误差均为±3mm，问：1）两水准点间高差中误差是多少？2）若使其高差中误差不大于±12mm，应设置几个测站？

（13）等精度观测条件下，对某三角形进行四次观测，其三内角之和分别为：179°59′59″，180°00′08″，179°59′56″，180°00′02″。试求：1）三角形内角和的观测中误差？2）每个内角的观测中误差？

（14）图 4-38 中，已知五边形各内角为 $\beta_1=95°$，$\beta_2=130°$，$\beta_3=65°$，$\beta_4=128°$，$\beta_5=122°$，现已知 1-2 边的坐标方位角为 $\alpha_{12}=31°$，试求其他各边的坐标方位角。

（15）图 4-39 中，已知 1-2 边的坐标方位角为 $\alpha_{12}=65°$，2 点两直线夹角为 $\beta_2=210°10'$，3 点两直线夹角为 $\beta_3=165°20'$，试求 2-3 边的正坐标方位角 α_{23} 和 3-4 边反方位角 α_{34} 各为多少？

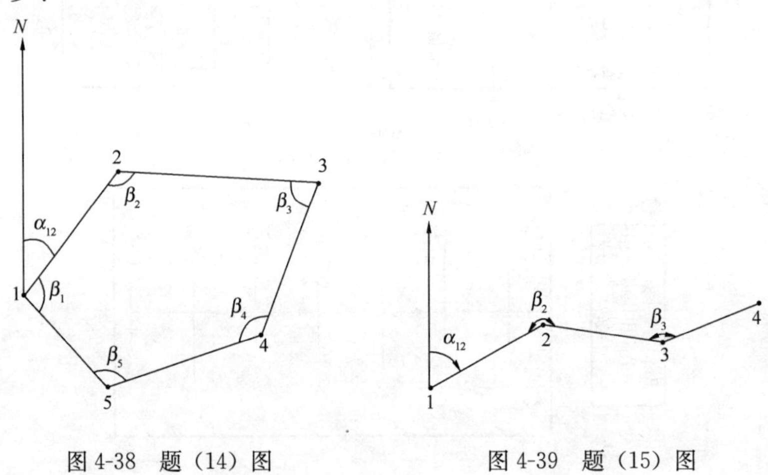

图 4-38　题（14）图　　　图 4-39　题（15）图

（16）已知上丝读数为 1234，下丝读数为 2345，竖直角 $\alpha=-18°29'$，仪器高为 1.35m，目标高为 2.00m，求高差 h 和水平距离 S。

第 5 章　坐　标　测　量

5.1　知识要点

（1）全站仪的主要结构：全站仪是由电子测角、光电测距、微型机及其软件组成的智能型光电测量仪器。

（2）全站仪的基本功能：可测定测量的 3 个基本元素（水平角、斜距、高差），并借助机内固化的软件，组成多种测量功能，如多种模式的放样、偏心测量、悬高测量、对边测量、面积计算等。

（3）全站仪的特点：三同轴望远镜、键盘操作、数据存储与通讯、电子传感器。

（4）全站仪测量原理：全站仪的测距系统与上章介绍的测距仪原理基本相似，测角系统是通过角—码转换器，将角移量变为二进制码，通过译码器译成度、分、秒，并用数字形式显示出来。

（5）以 NTS-355 为例介绍了全站仪的基本功能，坐标测量步骤，如图 5-1 所示。

1）进入数据采集菜单，新建坐标测量文件

2）测站设置

3）测量未知点

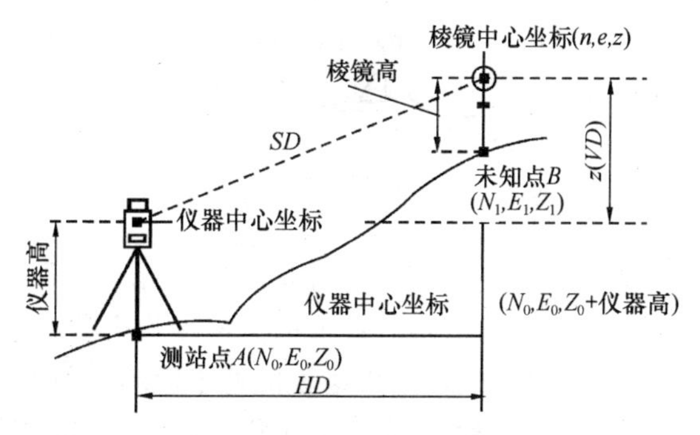

图 5-1　全站仪点位坐标测量

输入仪器高和棱镜高后测量坐标时，可直接测定未知点的坐标。未知点的坐标可由下式计算出来并显示。测站点 A 坐标为（N_0，E_0，Z_0），相对于仪器中心点的棱镜中心坐标为（n，e，z），则仪器中心坐标为（N_0，E_0，Z_0＋仪器高），设两点高差为 z（VD），未知点 B 坐标为（N_1，E_1，Z_1），则

$N_1=N_0+n$

$E_1=E_0+e$

$Z_1=Z_0+$仪器高$+z-$棱镜高

（6）GPS 全球定位系统组成：地面控制系统、星座系统、用户系统。

（7）GPS 定位测量优点：与传统光电测量相比，GPS 定位测量的优点有，不要求点间的通视、定位精度高、观测时间短、提供三维坐标、操作简便、全天候作业。

（8）GPS 定位技术基本原理：以 GPS 卫星和用户接收机天线之间的距离（或距离差）的观测量为基础，并根据已知的卫星瞬时坐标来确定用户接收机所对应的三维坐标位置，如图 5-2 所示。而卫星与接收机之间的距离 ρ、卫星坐标为（X_S,Y_S,Z_S）与接收机三维坐

标 (X,Y,Z) 间的关系式为

$$\rho^2 = (X_S - X)^2 + (Y_S - Y)^2 + (Z_S - Z)^2 \quad (5\text{-}1)$$

式（5-1）中卫星坐标 (X_S,Y_S,Z_S) 可由导航电文求得，必须至少同时测定到 4 颗卫星的距离才可确定接收机坐标。

1）伪距测量

所测伪距是由卫星发射的测距码信号到达 GPS 接收机的传播时间乘以光速所得的量测距离，分为 C/A 码伪距和 P 码伪距。

2）载波相位测量

载波相位定位是把波长较短的载波作为测量信号，从而提高定位精度，载波测量的观测量即为卫星的载波信号与接收机参考信号之间的相位差，通过一定的函数关系得到接收机位置，如图 5-3 所示。

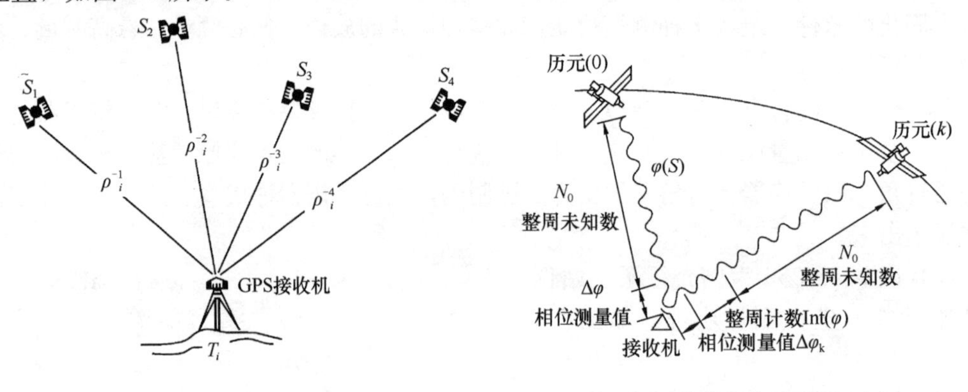

图 5-2　GPS 定位技术基本原理　　　图 5-3　载波相位测量原理图

（9）GPS 定位技术作业模式：根据设备配置和工作原理不同，GPS 坐标定位一般分为绝对定位和相对定位；根据用户接收机的状态不同，可分为动态定位和静态定位。

1）绝对定位：用户接收机处于运动的载体上，在动态情况下确定载体瞬时绝对位置，成为动态绝对定位，常用于飞机、船舶、车辆等；用户接收机处于静止，以确定观测站绝对坐标，称为静态绝对定位，常用于大地测量。

2）相对定位：一般来说，相对坐标就是在 WGS-84 椭球坐标系统中，确定待测点与某一已知参考点之间的相对位置，原理如图 5-4 所示。

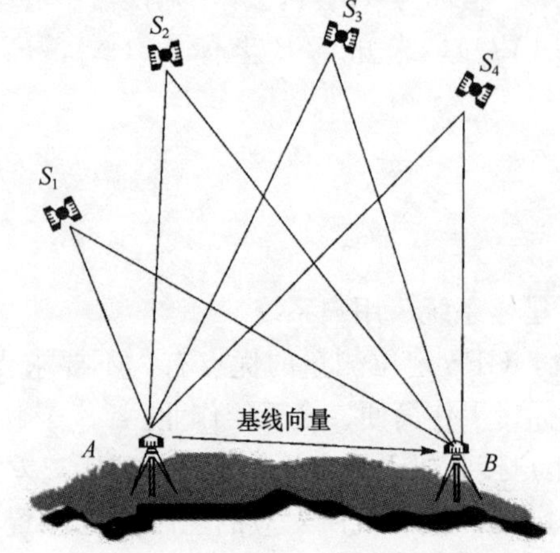

图 5-4　相对定位示意图

3）基于 RTK 技术的坐标测量

RTK 测量设备如图 5-5 所示，基于参考站的 RTK（Real Time Kinematic）方法是建立在实时处理两个测站的载波相位基础上的，可实时提供观测点的三维坐标，并达到厘米级精度，该法与一般动态相对定位方法相比，定位模式相同，仅要在基准站与流动站间增加一套数据链连接，实现各点坐标的实时计算，实时输出。

（10）我国常用的基准坐标系主要有：

1）54 北京坐标系统：采用克拉索夫椭球，高程基准采用 1956 青岛验潮站求出的平均海平面。

2）80 国家大地坐标系：又称西安坐标系，坐标原点在陕西泾阳县永乐镇。

3）WGS-84 大地坐标系：即 1984 世界协议大地坐标系，原点位于地球质心，轴指向协议地球极，WGS-84 大地坐标系的框架如图 5-6 所示。

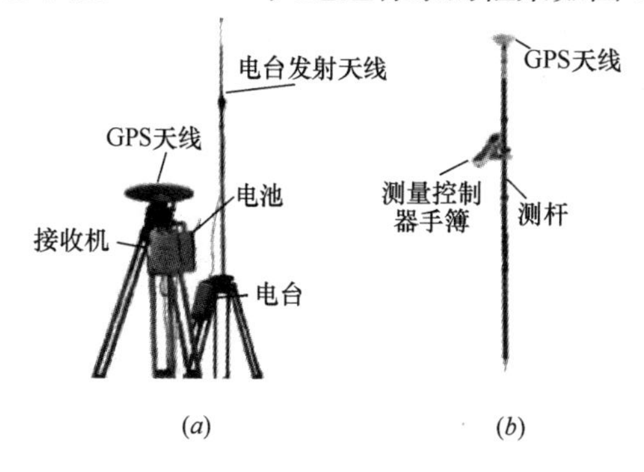

图 5-5　RTK 测量设备

（a）基准站部分；（b）流动站部分

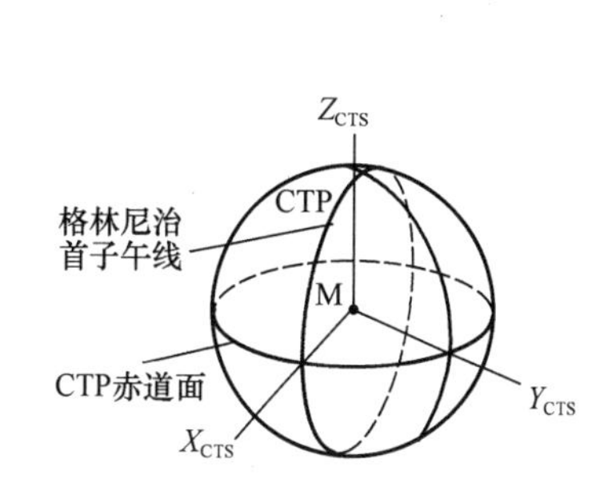

图 5-6　WGS-84 大地坐标系框架

4）地方地理坐标系：即根据地区或工程实际需要选定的坐标系，可与前述 3 种坐标系通过一定的转换参数矩阵进行相互转换。

5.2　例题解析

（1）全站仪：全站仪是由电子测角、光电测距、微型机及其软件组成的智能型光电测量仪器。

（2）全站仪的基本功能：可测定测量的 3 个基本元素（水平角、斜距、高差），并借助机内固化的软件，组成多种测量功能，如多种模式的放样、偏心测量、悬高测量、对边测量、面积计算等。

（3）全站仪的特点：三同轴望远镜、键盘操作、数据存储与通讯、电子传感器。

（4）伪距：所测伪距是有卫星发射的测距码信号到达 GPS 接收机的传播时间乘以光速所得的量测距离。

（5）动态绝对定位：用户接收机处于运动的载体上，在动态情况下确定载体顺时绝对位置的定位方法，称为动态绝对定位。

（6）静态绝对定位：接收机天线处于静止的状况，用以确定观测站绝对坐标的方法，称为静态绝对定位。

5.3　思考练习

（1）全站仪主要包括哪些结构？能实现什么测量功能？

（2）比较编码度盘和光栅度盘测角的主要区别。

（3）简述 NTS-355 坐标测量的主要步骤。

（4）简述 GPS 伪距测量原理。

（5）简述 GPS 坐标定位作业模式的形式和特点。

（6）GPS全球定位系统组成、GPS定位技术基本原理以及GPS定位测量优点。

（7）什么是RTK测量技术，结合Trimble-5700设备叙述如何实现RTK下坐标点的采集。

（8）目前我国使用的测量坐标系统有哪些，基本定义各是什么？

（9）何为WGS-84坐标，如何实现其与北京54坐标的转换？

第6章　小区域控制测量

6.1　知识要点

（1）平面控制测量：三角网测量、测边网测量、边角网测量、交会测量、GPS测量、甚长基线干涉测量、摄影测量、天文测量。

（2）导线：相邻控制点连成直线而构成的折线图形，称为导线。构成导线的控制点，称为导线点。相邻导线点间的距离称为导线边，相邻导线边之间的水平角称为转折角。导线的形式有闭合、附合、支导线三种，如图6-1所示，各种导线的外业观测、内业计算及技术要求都有所不同。

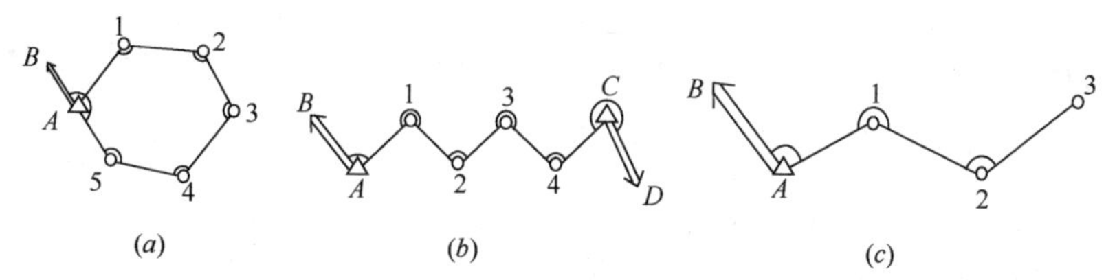

图6-1　导线布设基本形式

（a）闭合导线；（b）附合导线；（c）支导线

（3）小三角测量主要是线形锁的观测和计算。在计算过程中，角度闭合差的分配分两次进行，第一次角度应满足三角形内角和的条件，第二次则要满足边长条件。中点多边形是三次分配角度闭合差，除满足三角形内角和与边长条件外，还满足圆周角为360°的条件。

（4）导线测量实施

1）外业工作：勘探选点、边长测量、角度测量和导线连接测量

2）内业工作

（a）计算内角和闭合差并进行闭合差的分配计算

内角和闭合差：闭合导线内角和的理论值与测量值之差，计算式如下

$$f_\beta = \sum_{i=1}^{n} \beta_i - (n-2)\,180^\circ \tag{6-1}$$

式中　β_i——测得各内角值；

n——闭合导线边数。当 $|f_\beta| \leqslant f_{\beta\max}$，则将闭合差反号平均分配到各内角。

图根导线内角和闭合差限差如式（6-2）所示：

$$f_{\beta\max} = \pm 60'' \sqrt{n} \tag{6-2}$$

改正后的各内角如式（6-3）所示：

$$\hat{\beta}_i = \beta_i + \nu_i \tag{6-3}$$

其中　$\nu_i = -\frac{f_\beta}{n}$

(b) 坐标方位角的推算，如图 6-2 所示，计算公式为式（6-4）～式（6-7）：

$$\alpha_{B1} = \alpha_{BA} + \beta_L \tag{6-4}$$

$$\alpha_{B1} = \alpha_{BA} - \beta_R \tag{6-5}$$

$$\alpha_{B1} = \alpha_{AB} + \beta_{左} \pm 180° \tag{6-6}$$

$$\alpha_{B1} = \alpha_{AB} - \beta_{右} \pm 180° \tag{6-7}$$

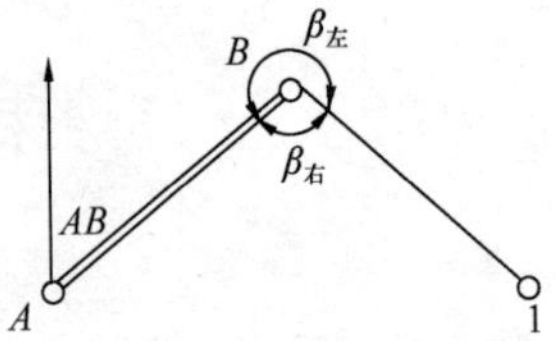

图 6-2　坐标方位角的推算

(c) 坐标增量的计算与坐标增量闭合差的调整

第 i 点至前进方向相邻点 j 的坐标增量如式（6-8）和式（6-9）所示：

$$\Delta x_{ij} = D_{ij}\cos\alpha_{ij} \tag{6-8}$$

$$\Delta y_{ij} = D_{ij}\sin\alpha_{ij} \tag{6-9}$$

理论上，闭合导线各边坐标增量之和应等于零，如式（6-10）和式（6-11）所示：

$$\Sigma\,\Delta x_{1i} = 0 \tag{6-10}$$

$$\Sigma\,\Delta y_{1i} = 0 \tag{6-11}$$

由于测量值包含误差，因此，由观测值计算所得坐标增量之和，将不等于零，其值为坐标增量闭合差如式（6-12）和式（6-13）所示：

$$f_x = \sum_1^n \Delta x_{celiang} - \sum_1^n \Delta x_{theory} = \sum_1^n \Delta x_{celiang} \tag{6-12}$$

$$f_y = \sum_1^n \Delta y_{celiang} - \sum_1^n \Delta y_{theory} = \sum_1^n \Delta y_{celiang} \tag{6-13}$$

导线全长闭合差如式（6-14）所示：

$$f = \sqrt{f_x^2 + f_y^2} \tag{6-14}$$

导线全长闭合差的含义如图 6-3 所示。

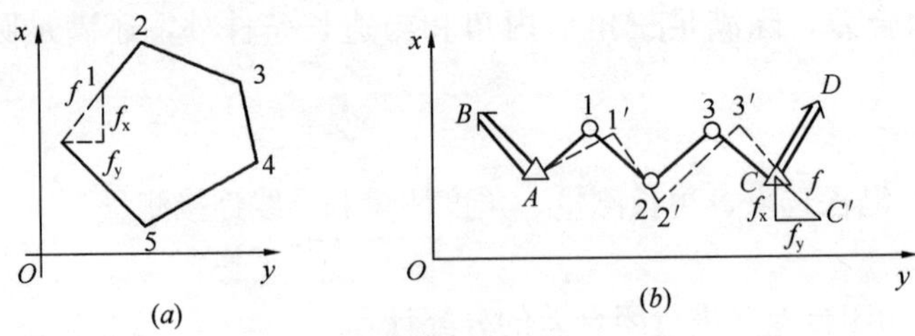

图 6-3　导线全长闭合差示意图

对于图根导线而言，导线全长相对闭合差限差为 1/2000。即应满足要求，如式（6-15）所示：

$$\frac{f}{\Sigma D} \leqslant \frac{1}{2000} \tag{6-15}$$

闭合差满足要求后，将坐标闭合差反号，并按与各边距离成正比进行分配，各边坐标改正后如式（6-16）和式（6-17）所示：

$$\Delta\hat{x}_{ij} = \Delta x_{ij} + \nu_{\Delta x_{ij}} \tag{6-16}$$

$$\Delta\hat{y}_{ij} = \Delta y_{ij} + \nu_{\Delta y_{ij}} \tag{6-17}$$

其中　$\nu_{\Delta x_{ij}}=-\frac{f}{\Sigma D}D_{ij}$；$\nu_{\Delta y_{ij}}=-\frac{f}{\Sigma D}D_{ij}$

（d）各点坐标的计算

利用改正后的坐标增量，计算各点坐标，计算式如式（6-18）和式（6-19）所示：

$$\hat{x}_j=\hat{x}_i+\Delta\hat{x}_{ij} \tag{6-18}$$

$$\hat{y}_j=\hat{y}_i+\Delta\hat{y}_{ij} \tag{6-19}$$

坐标方位角闭合差的计算公式如式（6-20）所示：

$$f_{\beta}=\alpha_{CD算}-\alpha_{CD}=\alpha_{AB}+\beta\pm n\cdot180°-\alpha_{CD} \tag{6-20}$$

（5）控制点应满足下列几项要求：

①相邻控制点间应相互通视，要易于测边测角，且选点应便于安置仪器和保存测量标志。

②选点周围视野应开阔，以便于测绘地形图。

③选点数量及密度应满足测绘大比例尺图及其他要求。

④各导线边长应尽可能大致相等。

（6）交会定点测量：

1）前方交会法测定点位坐标

如图6-4所示，在AB两已知点安置经纬仪，测定与待定点P之间的夹角α_1和β_1，则可以计算出待定点P的坐标。为了避免粗差的影响，还应观测另一对角度α_2和β_2，以便校核。

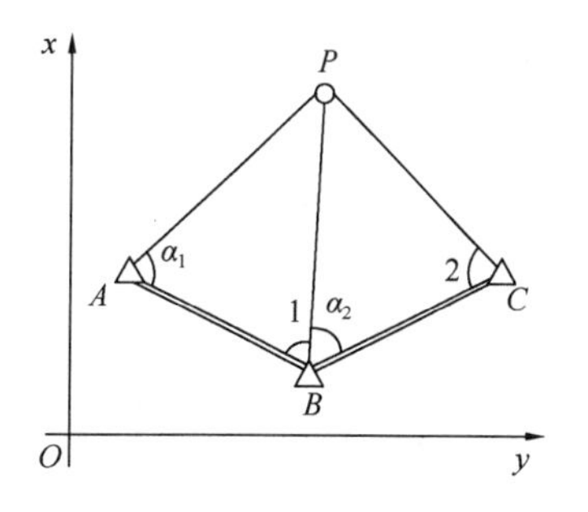

图6-4　前方交会法

应用公式时，点A、B、P应按逆时针顺序编号。由前方交会法测得的两组坐标值之差应小于下式所确定的限差：

$$e=\sqrt{(x_P^{(1)}-x_P^{(2)})^2+(y_P^{(1)}-y_P^{(2)})^2}\leqslant2\times0.1\times M(\text{mm}) \tag{6-21}$$

式中　M——测图比例尺分母。

图形形状对前方交会法的测量误差会产生较大影响。待定点与相邻两已知点A和点B的方向所形成的夹角γ称为交会角。由前方交会公式，可以得到点位坐标精度估计公式：

$$M_P=\frac{m}{\rho}\cdot\frac{D_{AB}}{\sin^2\gamma}\sqrt{\sin^2\alpha+\sin^2\beta} \tag{6-22}$$

分析上式（6-22）可以看出，交会角γ接近于0°或180°时，精度会无限降低。因此，交会角度应尽可能介于30°～150°之间。

2）后方交会法测定点位坐标

如图6-5所示，在待定点P设站，观测到已知控制点的夹角α和β，进而计算出待定点坐标的方法，称为后方交会法。

由图6-5可得式（6-23）：

$$\varphi_1+\varphi_2=360°-(\alpha+\beta+\gamma) \tag{6-23}$$

由正弦定理得式（6-24）：

$$\frac{D}{\sin\varphi_1}=\frac{a}{\sin\alpha},\frac{D}{\sin\varphi_2}=\frac{b}{\sin\beta} \tag{6-24}$$

所以可得到式（6-25）：

$$\frac{a\sin\varphi_1}{\sin\alpha}=\frac{b\sin\varphi_2}{\sin\beta},\ \frac{\sin\varphi_1}{\sin\varphi_2}=\frac{b\sin\alpha}{\sin\beta} \qquad (6\text{-}25)$$

令 $\theta=\varphi_1+\varphi_2=360^\circ-(\alpha+\beta+\gamma)$

进而可以得到式（6-26）：

$$K=\frac{\sin\varphi_1}{\sin\varphi_2}=\frac{b\sin\alpha}{a\sin\beta} \qquad (6\text{-}26)$$

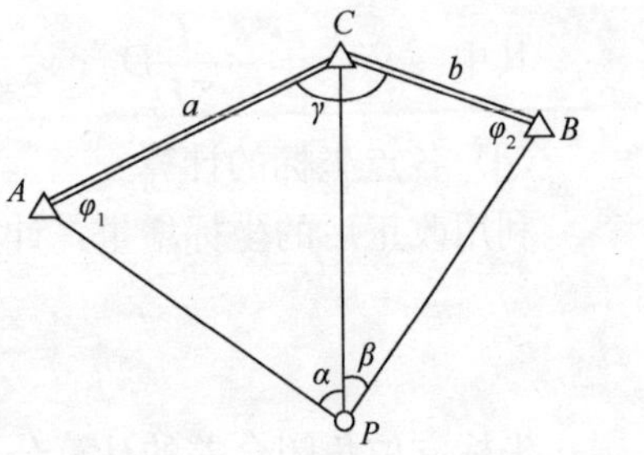

图 6-5　后方交会

则可得到式（6-27）和式（6-28）：

$$K=\frac{\sin(\theta-\varphi_2)}{\sin\varphi_2}=\sin\theta\cot\varphi_2-\cos\theta \qquad (6\text{-}27)$$

$$\tan\varphi_2=\frac{\sin\theta}{K+\cos\theta} \qquad (6\text{-}28)$$

求出 φ_2 后，亦可求出 φ_1，然后可按前方交会公式反算出点 P 坐标。为了避免粗差的影响，实际当中应多选择一个已知控制点 D，再进行后方交会，从而求出两组坐标值，以便进行检核。另外，待定点 P 不能位于由已知控制点 A、B、C 构成的外接圆上。否则，点 P 坐标不能唯一确定，点 A、B、C 构成的外接圆称为危险圆。待定点应尽可能远离此危险圆。

3）测边交会定点

如图 6-6 所示，利用测距仪测定待定点 P 至已知点 A、B 的距离，从而确定点 P 坐标，称为测边交会定点。在△ABP 中，由余弦定理可得到式（6-29）和式（6-30）：

$$\cos A=D_{2AB}+a_2-b_2 2aD_{AB} \qquad (6\text{-}29)$$

$$\alpha_{AP}=\alpha_{AB}-A \qquad (6\text{-}30)$$

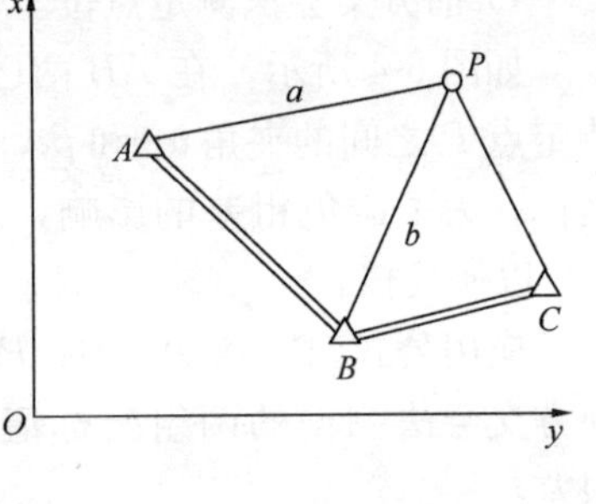

图 6-6　测边交会

则得到式（6-31）和式（6-32）：

$$x_p=x_A+a\cos\alpha_{AP} \qquad (6\text{-}31)$$

$$y_p=y_A+a\sin\alpha_{AP} \qquad (6\text{-}32)$$

同理，可由△BCP，求出另一组点 P 坐标。当两组坐标的差异小于限差时，取其平均值，作为最终的结果。

（7）用电磁波测距三角高程代替四等水准测量，应当用Ⅰ、Ⅱ级精度的测距仪和 J2 型经纬仪，尽量减小测距和竖直角观测的误差，同时测量仪器和棱镜的高度也要仔细测量，这样才能保证高程测量的精度满足要求。

（8）三角高程测量

1）地球曲率误差和大气折光的影响，如图 6-7 所示。高差公式为：

$$h_{AB}=s_0\tan\alpha+\frac{1-K}{2R}s_0^2+i-v=s_0\tan\alpha+cs_0^2+i-v \qquad (6\text{-}33)$$

式中　$\frac{s_0^2}{2R}$——地球曲率改正项；

$\frac{s_0^2}{2R'}$——大气折光改正项；

R——地球曲率半径；

R'——弯曲视线的曲率半径；

s_0——水平距离。设 $RR'=K$，称为大气垂直折光系数，一般称 $c=\dfrac{1-K}{2R}$ 为球气差系数。取 $K=0.14$。

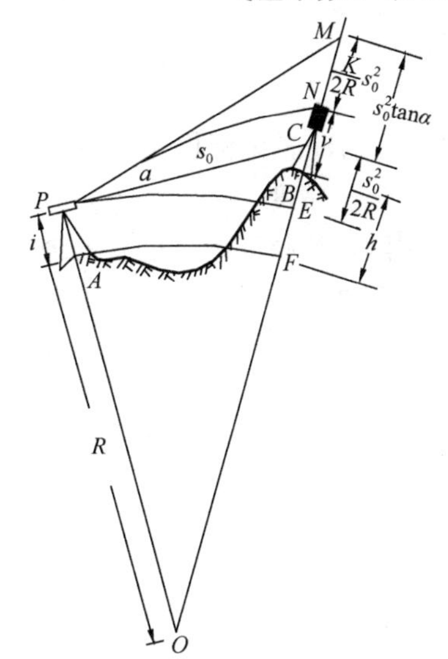

图 6-7 地球曲率和大气折光的影响

2）三角高程测量的计算：亦采用附合、闭合路线等形式，以便校核，如图 6-8 所示。

当每段高差检验合格后，计算路线闭合差，当路线闭合差满足要求时，应将闭合差反号与每段距离成正比进行分配。

3）三角高程测量的误差分析

从三角高程测量高差计算公式可以看出，三角高程测量主要受到竖直角观测误差、边长误差、大气折光误差、仪器高及标尺（或棱镜高）的量测误差等影响。其中边长可由测距仪测量，或由坐标反算求得，其精度较高，影响较小。

三角高程测量中只要采取相应的措施，完全可以达到三等水准测量的精度。

（9）三四等水准测量的施测方法

1）一个测站的测量工作

三、四等水准测量利用双面尺读数法，一个测站上的观测程序如下：

（a）读取后视尺黑面视距丝（上丝，下丝）和中丝读数；

（b）读取前视尺黑面视距丝（上丝，下丝）和中丝读数；

（c）读取前视尺红面中丝读数；

（d）读取后视尺红面中丝读数。

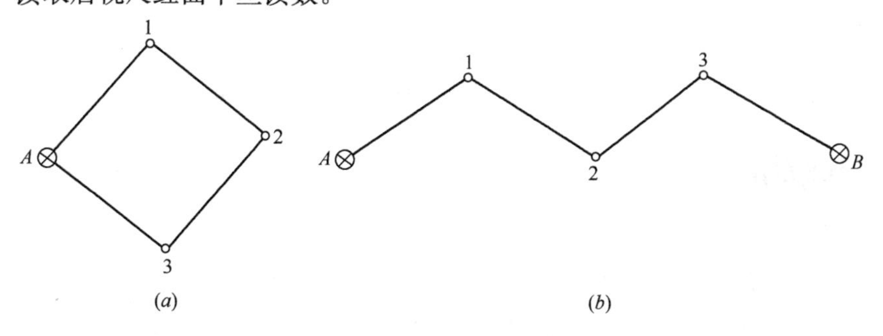

图 6-8 三角高程测量路线

即读数顺序是“后-前-前-后”，共读取 8 个读数。

2）水准测量的记录、计算与检核。当某一项指标超限时，应重新测量。当迁站后发现超限时，应从水准测量间歇点起重新测量。

3）水准测量闭合差的计算及调整方法

对于单一水准路线，如闭合水准路线或附合水准路线，闭合差的计算和调整方法与前面叙述的普通水准测量方法相同。对于较大范围的水准测量，可能会形成水准网不同推算线路结果不同。此时，数据处理应采用最小二乘法。有一个已知点 A，3 个未知点 1、2、3，共测量了 4 段高差 h_1、h_2、h_3、h_4。当利用最小二乘法进行数据处理时，在认为只有偶然误差时，其结果是最优的。

（10）GPS 控制测量

1）GPS 控制测量的用途是多方面的，主要有：

①布设全球或全国性的高精度 GPS 控制网，建立全球统一的动态坐标框架系统，为地壳运动及地球动力学研究提供基础数据，提高大地水准面的定位精度。

②用于区域大地测量。包括建立新的各种用途的地面控制网，检核和改善已有的地面控制网，对旧网进行加密，拟合区域大地水准面，以改善和丰富高程测量技术手段。

2）GPS 控制测量的实施步骤：

收集资料；

选点；

埋石（点之记）；

GPS 接收机的选择和检验；

野外数据采集和观测；

内业数据处理。

3）GPS 控制网设计

如图 6-9 所示。

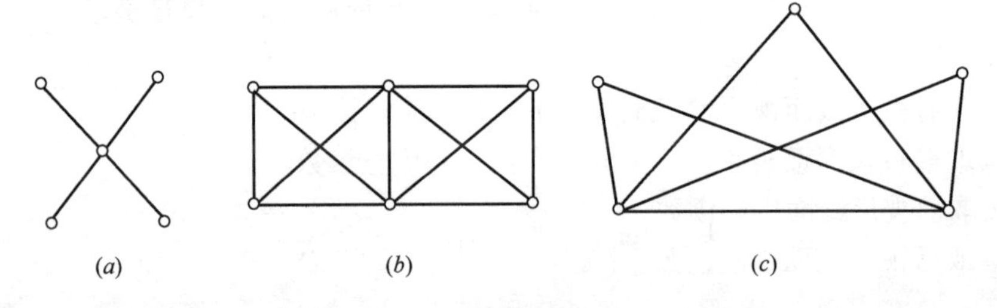

图 6-9　GPS 控制网网形

（*a*）两台接收机；（*b*）四台接收机；（*c*）三台接收机

6.2　例题解析

6.2.1　名词解释

（1）导线：相邻控制点连成直线而构成的折线图形，称为导线。

（2）导线点：构成导线的控制点，称为导线点。

（3）闭合导线：由一个已知点出发测量一系列边长与转折角度，又重新回到已知点，形成一个闭合多边形，从而确定各点位坐标，称为闭合导线。

（4）附合导线：由一个已知点出发，测量一系列边长与转折角度，并附合到另一已知点，进而推算各点坐标，称为附合导线。

（5）支导线：支导线又称自由导线，由一个已知点出发进行测量，但并不附合到另一个已知点，或回到初始点。

内角和闭合差：闭合导线内角和的理论值与测量值之差，称为内角和闭合差。

6.2.2 简答题

(1) 控制测量概算的主要目的是什么?

要点:

1) 系统地检查外业成果质量,把好质量关;

2) 将地面上观测成果归算到高斯平面上,为平差计算做好数据准备工作;

3) 计算各控制点的资用坐标,为其他急需提供未经平差的控制测量基础数据。

(2) 三、四等水准测量在一个测站上的观测顺序是什么?

1) 照准后视水准尺黑面,按上、下、中丝读数;

2) 照准前视水准尺黑面,按中、上、下丝读数;

3) 照准前视水准尺红面,按中丝读数;

4) 照准后视水准尺红面,按中丝读数。

(3) 导线坐标计算的一般步骤是什么?

计算方位角闭合差 f_β,$f_\beta < f_{\beta限}$ 时,反号平均分配 f_β;

推算导线边的方位角,计算导线边的坐标增量 Δx,Δy,计算坐标增量闭合差 f_x,f_y,

计算全长相对闭合差 $K = \frac{\sqrt{f_x^2 + f_y^2}}{\Sigma D}$,式中 ΣD 为导线各边长之和,如果

$K < K_{限}$,按边长比例分配 f_x,f_y。

计算改正后的导线边的坐标增量,推算未知点的平面坐标。

(4) 导线测量的计算步骤是什么?

1) 计算角度闭合差,允许角度闭合差,角度改正数和改正后角度。

2) 推算导线的各边坐标方位角。

3) 计算纵、横坐标增量闭合差,导线全长闭合差及相对闭合差。

4) 计算导线的各点坐标。

(5) 单一导线的形式有哪几种? 最常用的形式是哪一种? 为什么?

单一导线的形式有附合导线,闭合导线和支导线。

最常用的导线形式是附合导线。计算附合导线时不但能发现测角和测距的错误,而且能发现已知点的数据错误或点位变动。

(6) 导线测量的外业工作有哪几项?

1) 踏勘选点,埋设标石。

2) 测量导线的水平角。

3) 测量导线的边长。

(7) 前方交会法的角差图解法的实质是什么? 其主要误差来源有哪些?

1) 前方交会法的角差图解法的实质是利用实测角值与设计角值之差,将初步定位点快速改正到设计位置上来。既适用于初步定位,也适用于快速定位。

2) 影响放样点位精度的主要误差来源有:仪器的对中误差、点位标定误差和角度测设误差。其中影响放样点位精度的主要因素是角度测设误差。

(8) 试绘图说明三点前方交会法放样的基本作业步骤? 其主要误差来源有哪些?

前方交会法放样点的平面位置,是根据放样点的设计坐标和控制点的已知坐标计算出放样元素(控制点与放样点的交会角或控制点到放样点的方位角),然后在现场按其放样

元素将待定点标定在地面上。

1）基本作业步骤

① 放样元素的计算：

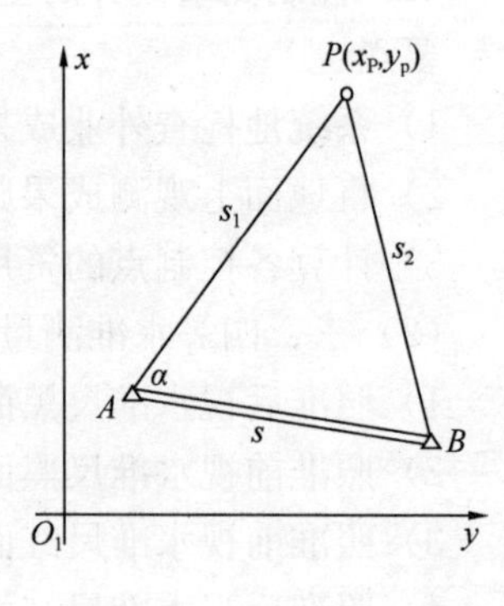

图 6-10　前方交会法

如图 6-10 所示，首先根据放样点的设计坐标和控制点的已知坐标按下式计算出放样元素（以 ΔABP 为例）：

$$\alpha_{AB} = \arctan\frac{y_B - y_A}{x_B - x_A},\ \alpha_{AP} = \arctan\frac{y_P - y_A}{x_P - x_A}$$

$$\alpha_{BP} = \arctan\frac{y_P - y_B}{x_P - x_B}$$

$$\alpha_1 = \alpha_{AB} - \alpha_{AP},\ \beta_1 = \alpha_{BP} - \alpha_{BA}$$

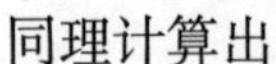
同理计算出

$$\alpha_2 = \alpha_{BC} - \alpha_{BP},\ \beta_2 = \alpha_{CP} - \alpha_{BC}$$

② 实地放样

(a) 将经纬仪安置在 A 点，在盘左位置瞄准 B 点，度盘读数置零。

(b) 逆时针旋转照准部，使度盘读数在 α_1 附近，制动照准部。以水平微动螺旋微动照准部，使度盘读数精确为 α_1。此时视线方向即为 AP 方向。

(c) 类似方法标定 BP 方向和 CP 方向。

③ 标定放样点 P 由于放样交会角误差的影响，在交会点处三方向将不能交会于一点而出现一个三角形，该三角形称为示误三角形（图中的红色三角形）。当示误三角形的边长小于 2cm 时，取示误三角形的中心为放样点 P 的位置。

2）前方交会法放样的主要误差来源

① 仪器对中误差；

② 角度测设误差；

③ 标定误差。

其中影响放样点位精度的主要因素是角度测设误差。

6.2.3　计算题

(1) 已知观测角左角和 A 点、B 点、C 点、D 点的坐标以及各导线边长，进行附合导线坐标计算。

【解析】 1）角度闭合差的计算与调整

已知 A 点、B 点的坐标，由式 $\alpha_{AB} = \arctan\dfrac{\Delta y_{AB}}{\Delta x_{AB}}$ 得：$\alpha_{AB} = 135°48'01''$

角度闭合差 f_β 的计算在计算表格下方进行。

2）推算各导线边的坐标方位角

$$\alpha_{B1} = \alpha_{AB} + \beta_B - 180° = 50°44'26''$$

$$\alpha_{12} = \alpha_{B1} + \beta_1 - 180° = 114°24'18''$$

$$\alpha_{2C} = \alpha_{12} + \beta_2 - 180° = 36°03'04''$$

$$\alpha_{CD} = \alpha_{2C} + \beta_3 - 180° = 38°50'23''$$

点号	观测角（左角）	改正数	改正角	坐标方位角	距离	坐标增量		改正后增量		坐标	
						Δx	Δy	Δx	Δy	x	y
	(° ′ ″)	(″)	(° ′ ″)	(° ′ ″)	(m)	(m)	(m)	(m)	(m)	(m)	(m)
1)	(2)	(3)	(4)	(5)	(6)	(7)	(8)	(9)	(10)	(11)	(12)
A										4368.50	3840.76
				135 48 01							
B	94 56 33	−8	94 56 25							4196.44	4008.08
				50 44 26	154.86	+2 +98.00	+2 +119.91	+98.02	+119.93		
1	243 40 00	−8	243 39 52							4294.46	4128.01
				114 24 18	171.50	+3 −70.86	+2 +156.18	−70.83	+156.20		
2	101 38 54	−8	101 38 46							4223.63	4284.21
				36 03 04	132.78	+2 +107.35	+2 +78.14	+107.37	+78.16		
C	182 47 36	−7	182 47 29							4331.00	4362.37
				38 50 33							
D										4478.21	4480.91
Σ	623 03 03		623 02 32		459.14	+134.49	+354.23				

辅助计算

$\Sigma\beta_{测} = 623°03'03''$　$\Sigma D = 459.14\text{m}$

$\Sigma\beta_{理} = \alpha_{终} - \alpha_{始} + n \times 180° = 623°02'32''$　$\Sigma\Delta x_{理} = x_{终} - x_{始} = +134.56\text{m}$

$\Sigma\Delta y_{理} = y_{终} - y_{始} = +354.29\text{m}$

$f_{\beta} = \Sigma\beta_{测} - \Sigma\beta_{理} = +31''$　$f_{x} = \Sigma\Delta x - \Sigma\Delta x_{理} = -0.07\text{m}$

$f_{y} = \Sigma\Delta y - \Sigma\Delta y_{理} = -0.06\text{m}$

$V_{\beta i} = -\frac{f_{\beta}}{n} = -8''$　$f_{D} = \sqrt{f_{x}^{2} + f_{y}^{2}} = 0.092\text{m}$

$K = \frac{f_{D}}{\Sigma D} \approx \frac{1}{5000} < \frac{1}{2000}$（合格）

$f_{\beta容} = \pm 40''\sqrt{4} = \pm 80''$（合格）

3）坐标增量的计算及其闭合差的调整

由式 $\begin{matrix}\Delta x_{B1}=D_{B1}\cos\alpha_{B1}\\ \Delta y_{B1}=D_{B1}\sin\alpha_{B1}\end{matrix}$ 得 Δx_{B1} 与 Δy_{B1}，同理得到各边坐标增量，填入表格中坐标增量闭合差的计算在表格下方进行。

由式 $\begin{matrix}V_{xi}=-\dfrac{f_x}{\Sigma D}D_i\\ V_{yi}=-\dfrac{f_y}{\Sigma D}D_i\end{matrix}$ 计算各坐标增量的改正数并加以改正得改正后的坐标增量

4）计算各导线点的坐标（见上表）

（2）已知观测角右角和 A 点、B 点的坐标及各导线边长，进行附合导线坐标计算。

【解析】 1）角度闭合差的计算与调整

已知 A 点、B 点的坐标，由式 $\alpha_{AB}=\arctan\dfrac{\Delta y_{AB}}{\Delta x_{AB}}$ 得：$\alpha_{AB}=174°27'22''$

角度闭合差 f_β 的计算在计算表格下方进行。

2）推算各导线边的坐标方位角

$$\alpha_{B1}=\alpha_{AB}+\beta_{AB1}-180°=38°15'00''$$

$$\alpha_{12}=\alpha_{B1}-\beta_1+180°=115°27'00''$$

$$\alpha_{23}=\alpha_{12}+\beta_2+180°=216°35'54''$$

$$\alpha_{3B}=\alpha_{B1}+\beta_B+180°=312°12'36''$$

3）坐标增量的计算及其闭合差的调整

由式 $\begin{matrix}\Delta x_{B1}=D_{B1}\cos\alpha_{B1}\\ \Delta y_{B1}=D_{B1}\sin\alpha_{B1}\end{matrix}$ 得 Δx_{B1} 与 Δy_{B1}，同理得到各边坐标增量，填入表格中坐标增量闭合差的计算在表格下方进行。

由式 $\begin{matrix}V_{xi}=-\dfrac{f_x}{\Sigma D}D_i\\ V_{yi}=-\dfrac{f_y}{\Sigma D}D_i\end{matrix}$ 计算各坐标增量的改正数并加以改正得改正后的坐标增量

4）计算各导线点的坐标

点号	观测角（右角）	改正数	改正角	坐标方位角	距离	坐标增量		改正后增量		坐　标	
						Δx	Δy	Δx	Δy	x	y
	(° ′ ″)	(″)	(° ′ ″)	(° ′ ″)	(m)	(m)	(m)	(m)	(m)	(m)	(m)
1)	(2)	(3)	(4)	(5)	(6)	(7)	(8)	(9)	(10)	(11)	(12)
A				174 27 22						1921.36	4368.54
B	43 47 38			38 15 00	112.01	+3 +87.96	−1 +69.34	+87.99	+69.33	1516.57	4407.83
1	102 48 09	−9	102 48 00	115 27 00	87.58	+2 −37.64	0 +79.08	−37.62	+79.08	1604.56	4477.16
2	78 51 15	−9	78 51 06	216 35 54	137.71	+4 −110.56	−1 −82.10	−110.52	−82.11	1566.94	4556.24
3	84 23 27	−9	84 23 18	312 12 36	89.50	+2 +60.13	−1 −66.29	+60.15	−66.30	1456.42	4474.13
B	93 57 45	−9	93 57 36	38 15 00						1516.57	4407.83
1											
Σ	360 00 36		360 00 00		426.80	−0.11	+0.03	0	0		

辅助计算

$\Sigma\beta_{测} = 360°00'36''$　$\Sigma D = 426.80\text{m}$

$\Sigma\beta_{理} = (n-2)\times 180° = 360°00'00''$　$\Sigma\Delta x_{理} = 0\Sigma\Delta y_{理} = 0$

$f_x = \Sigma\Delta x - \Sigma\Delta x_{理} = \Sigma\Delta x = -0.11\text{m}$

$f_\beta = \Sigma\beta_{测} - \Sigma\beta_{理} = +36''$　$f_y = \Sigma\Delta y - \Sigma\Delta y_{理} = \Sigma\Delta y = +0.03\text{m}$

$V_{\beta i} = -\frac{f_\beta}{n} = -9''$　$f_D = \sqrt{f_x^2 + f_y^2} = 0.114\text{m}$

$K = \frac{f_D}{\Sigma D} \approx \frac{1}{3700} < \frac{1}{2000}$（合格）

$f_{\beta容} = \pm 40''\sqrt{4} = \pm 80''$（合格）

(3) 坐标计算（精确到 cm）

1) 已知 $\alpha_{AB}=203°14'50''$，$D_{AB}=301.45m$，求 Δx_{AB}，Δy_{AB}。

2) 已知 $x_m=4365.24m$，$y_m=7324.78m$，$D_{MN}=373.55m$，$\alpha_{MN}=127°43'28''$，求 x_N，y_N

3) 已知 $x_A=3243.13m$，$y_A=4787.35m$，$x_B=3586.72m$，$y_B=3926.57m$，求 α_{AB}，D_{AB}

4) 如图 $x_A=35189.35m$，$y_A=1216.90m$，$x_B=34671.79m$，$y_B=1236.06m$，$x_P=35060.02m$，$y_P=1595.35m$，求 β 角 解：

1) $\Delta x_{AB}=D_{AB}\cos\alpha_{AB}=-276.98m$

$\Delta y_{AB}=D_{AB}\sin\alpha_{AB}=-118.98m$

2) $x_N=x_M+D_{MN}\cos\alpha_{MN}=4136.68m$

$y_N=y_M+D_{MN}\sin\alpha_{MN}=7620.24m$

3) $\alpha_{AB}=360°+\arctan\dfrac{y_B-y_A}{x_B-x_A}=291°45'36''$

$D_{AB}=\dfrac{x_B-x_A}{\cos\alpha_{AB}}=926.82m$

4) $\alpha_{AP}=180°+\arctan\dfrac{y_P-y_A}{x_P-x_A}=108°52'2''$

$\alpha_{BP}=180°+\arctan\dfrac{y_P-y_A}{x_P-x_B}=42°46'59''$

$\beta=180°-\alpha_{AP}+\alpha_{BP}+180°=293°54'57''$

(4) 已知图 6-11 中 AB 的坐标方位角，观测了图中四个水平角，试计算边长 $B\rightarrow1$，$1\rightarrow2$，$2\rightarrow3$，$3\rightarrow4$ 的坐标方位角。

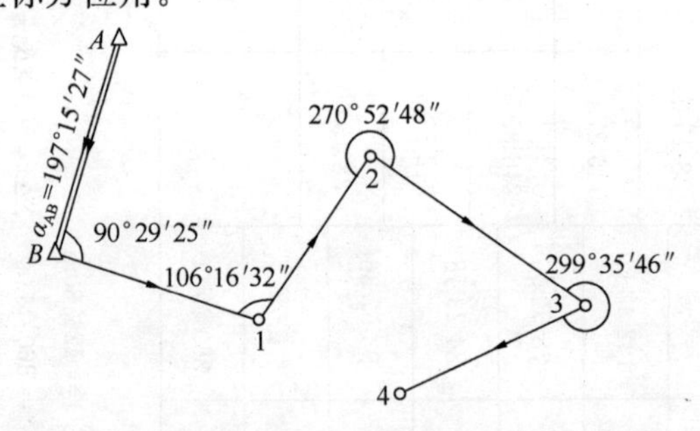

图 6-11　题 (4) 图

【解析】　$\alpha_{B1}=197°15'27''+90°29'25''-180°=107°44'52''$

$\alpha_{12}=107°44'52''+106°16'32''-180°=34°01'24''$

$\alpha_{23}=34°01'24''+270°52'48''-180°=124°54'12''$

$\alpha_{34}=124°54'12''+299°35'46''-180°=244°29'58''$

(5) 已知控制点 A、B 及待定点 P 的坐标如下：

点　名	X(m)	Y(m)	方　向	方位角 (° ′ ″)	平距 (m)
A	3189.126	2102.567	A→B	99 19 10	24.460
B	3185.165	2126.704			
P	3200.506	2124.304	A→P	62 21 59	24.536

试在表格中计算 $A \to B$ 的方位角，$A \to P$ 的方位角，$A \to P$ 的水平距离。

(6) 如图 6-12 所示，已知水准点 BM_A 的高程为 33.012m，1、2、3 点为待定高程点，水准测量观测的各段高差及路线长度标注在图中，试计算各点高程。要求在下列表格中计算。

点号	L(km)	h(m)	V(mm)	h+V(m)	H(m)
A					33.012
	0.4	−1.424	0.008	−1.416	
1					31.569
	0.3	+2.376	0.006	+2.382	
2					33.978
	0.5	+2.385	0.009	+2.394	
3					36.372
	0.3	−3.366	0.006	−3.360	
A					33.012
Σ	1.5	−0.029	0.029	0.000	
辅助计算	$f_{h容}=\pm 30\sqrt{L}$ (mm) = ±36.7mm				

(7) 图 6-13 为某支导线的已知数据与观测数据，试在下列表格中计算 1、2、3 点的平面坐标。

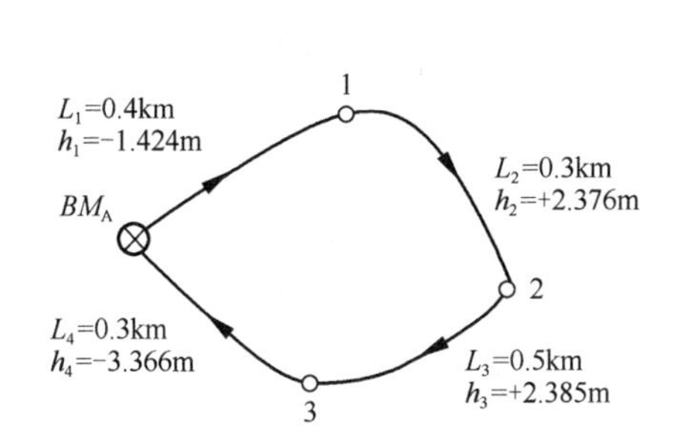

图 6-12 题 (6) 图

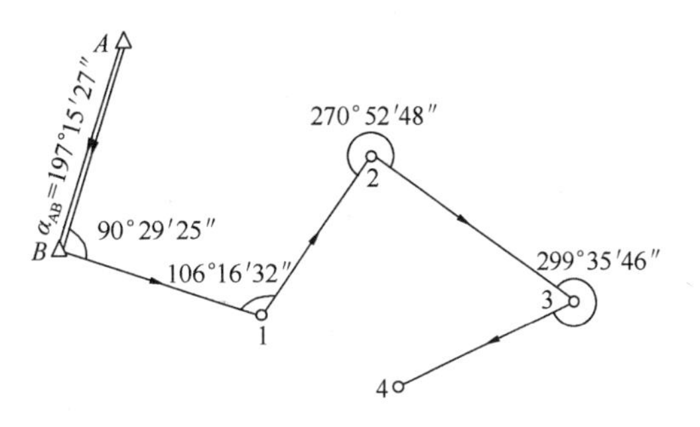

图 6-13 题 (7) 图

点名	水平角	方位角	水平距离	Δx	Δy	x	y
	(° ′ ″)	(° ′ ″)	(m)	(m)	(m)	(m)	(m)
A		237 59 30					
B	99 01 08	157 00 38	225.853	−207.915	88.209	2507.693	1215.632
1	167 45 36	144 46 14	139.032	−113.568	80.201	2299.778	1303.841
2	123 11 24	87 57 38	172.571	6.141	172.462	2186.210	1384.042
3						2192.351	1556.504

(8) 已知 1、2、3、4、5 五个控制点的平面坐标列于下表，试计算出方位角 α_{31}，α_{32}，α_{34} 与 α_{35} 计算取位到秒。

点 名	X (m)	Y (m)	点 名	X (m)	Y (m)
1	4957.219	3588.478	4	4644.025	3763.977
2	4870.578	3989.619	5	4730.524	3903.416
3	4810.101	3796.972			

$$\alpha_{31}=305°12'27.5'', \alpha_{32}=72°34'17.6''$$

$$\alpha_{34}=191°14'12.7'', \alpha_{35}=126°46'53.78''$$

(9) 某闭合导线，其横坐标增量总和为－0.35m，纵坐标增量总和为＋0.46m，如果导线总长度为1216.38m，试计算导线全长相对闭合差和边长每100m的坐标增量改正数？

【解析】 据题意知

1）导线全长闭和差：

$$f_{\rm d}=\pm\sqrt{f_{\rm x}^2+f_{\rm y}^2}=\pm\sqrt{0.2116+0.1225}=\pm 0.578({\rm m})$$

相对闭和差：$K=|f_{\rm d}|/\Sigma D=\dfrac{0.578}{1216.38}=\dfrac{1}{2100}$

2) $$V_{\Delta x}=-f_{\rm x}/\Sigma D\times 100=-0.46\times 100/1216.38=0.029({\rm m})$$

(10) 已知四边形闭合导线内角的观测值见下表，并且在表中计算 1）角度闭合差；2）改正后角度值；3）推算出各边的坐标方位角。

点　号	角度观测值(右角) (°　′　″)	改正数 (°　′　″)	改正后角值 (°　′　″)	坐标方位角 (°　′　″)
1	112　15　23			123　10 21
2	67　14　12			
3	54　15　20			
4	126　15　25			
Σ				

$\Sigma\beta=$　　　　　　　　$f_\beta=$

点　号	角度观测值(右角) (°　′　″)	改正值 (″)	改正后角值 (°　′　″)	坐标方位角 (°　′　″)
1	112　15　23	−5	112　15　18	123　10　21
2	67　14　12	−5	67　14　07	235　56　14
3	54　15　20	−5	54　15　15	1　40　59
4	126　15　25	−5	126　15　20	55　25　39
Σ	360　00　20	−20	360　00　00	

$f_\beta=+20''$　　　　　　$V_{\beta i}-\dfrac{f_\beta}{4}=-5''$

(11) 计算支导线 C、D 两点坐标。

已知 $X_{\rm A}=1532.40$m，$Y_{\rm A}=2320.78$m，$X_{\rm B}=2588.230$m，$Y_{\rm B}=1530.820$m。

其他观测数据如图 6-14 所示，观测角为左角。

经极坐标反算得：$S_{\rm AB}=1318.641$

$\alpha_{\rm AB}=143°11'48''$

$\alpha_{\rm BC}=\alpha_{\rm BA}+300°34'36''=83°46'24''$

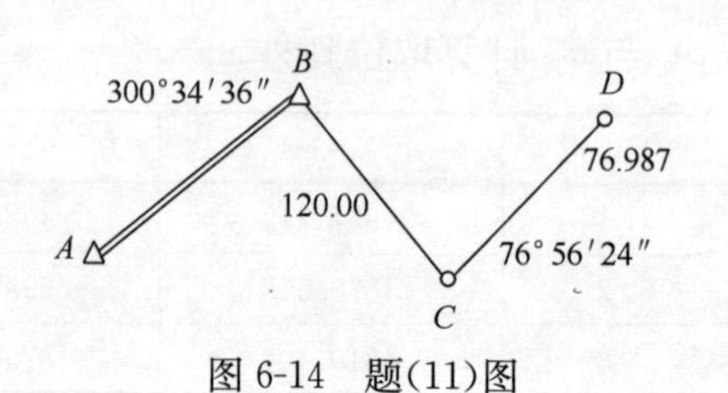

图 6-14　题(11)图

$\alpha_{CD}=83°46'24''+76°56'24''-180°=340°42'48''$

$\Delta X_{BC}=120\times\cos83°46'24''=13.015$

$\Delta Y_{BC}=120\times\sin83°46'24''=119.292$

$\Delta X_{CD}=76.987\times\cos340°42'48''=72.666$

$\Delta Y_{CD}=76.987\times\sin340°42'48''=-25.428$

$X_C=X_B+\Delta X_{BC}=2558.230+13.015=2601.245m$

$Y_C=Y_B+\Delta Y_{BC}=1530.820+119.292=1650.112m$

$X_D=X_C+\Delta X_{CD}=2661.245+72.666=2673.911m$

$Y_D=Y_C+\Delta Y_{CD}=1650.112+(-25.428)=1624.684m$

6.3 思考练习

6.3.1 简答题

(1) 水平角观测值的误差来源主要有哪些？观测中应如何减少其影响？

(2) 导线测量的精度主要取决于哪些因素？

(3) 试推证附合导线最弱点的点位中误差近似估算公式。

(4) 经纬仪交会法和小三角测量中常用的基本图形有哪些？各有何特点？

(5) 试推证交会法中常用的余切公式。

(6) 什么叫交会角？有何具体规定？

6.3.2 计算题

(1) 计算图 6-15 支导线 C、D 两点坐标。

已知 $X_A=550.00m$，$Y_A=520.00m$，$X_B=508.730m$，$Y_B=543.320m$，其他观测数据均标在图上。观测角为左角。

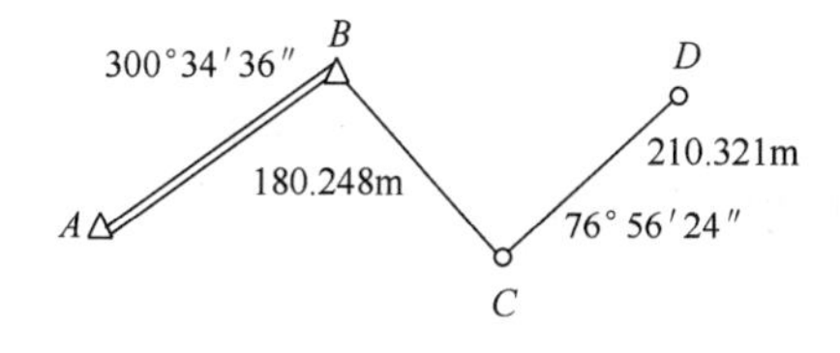

图 6-15 题 (1) 图

(2) 闭合导线的观测数据如图 6-16 所示，已知点 B (1) 的坐标 $x_{B(1)}=48311.264m$，$y_{B(1)}=27278.095m$，已知边 AB 的方位角 $\alpha_{AB}=226°44'50''$，计算点 2，3，4，5，6 的坐标。

(3) 附和导线的观测数据如图 6-17 所示，已知点 $B(1)$ 的坐标为 (507.693, 215.638)，点 C (4) 的坐标为 (192.450, 556.403)，AB，CD 边的方位角 $\alpha_{AB}=237°59'30''$，$\alpha_{CD}=97°18'29''$，

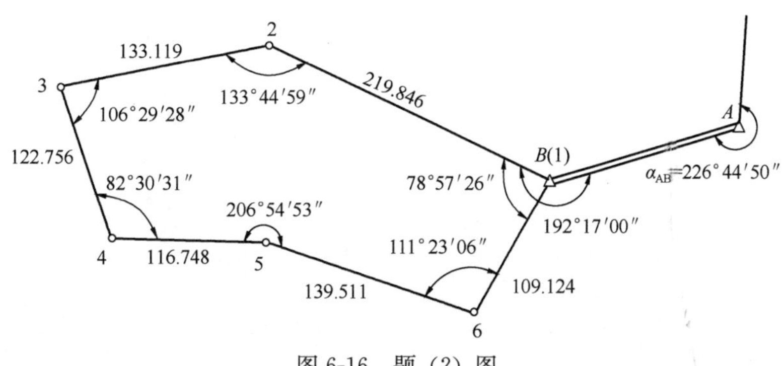

图 6-16 题 (2) 图

求 2，3 点的坐标。

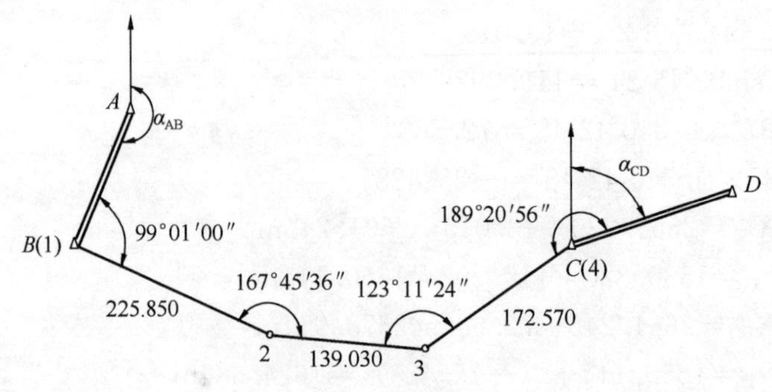

图 6-17　题（3）图

（4）两端有基线的小三角锁，如图 6-18 所示，已知点 A（800.000，800.000），$\alpha_{AB}=45°00'00''$，$D_0=345.462m$，$D_3=533.222m$；$a_1=65°59'54''$，$b_1=49°27'24''$，$c_1=64°33'06''$；$a_2=40°46'54''$，$b_2=55°31'42''$，$c_2=83°41'06''$；$a_3=104°07'24''$，$b_3=36°45'06''$，$c_3=39°07'30''$，进行闭合差的调整与边长计算，并求出各 C 点的坐标。

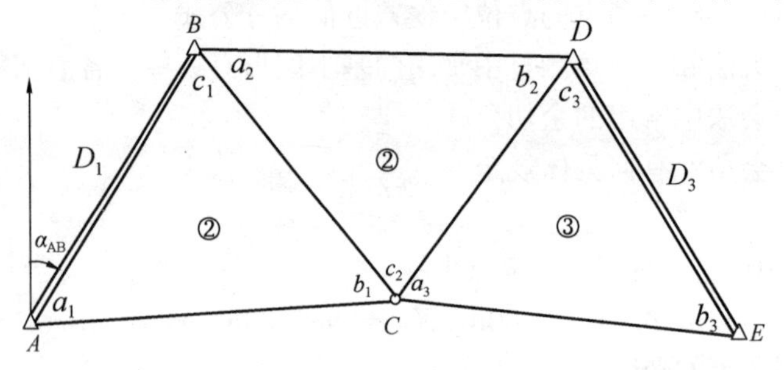

图 6-18　题（4）图

（5）附合导线已知某坐标增量闭合差为 $f_x=0.08m$，$f_y=0.05m$，导线全长为 5km，求导线全长闭合差及全长相对误差，该导线是否符合图根导线技术要求？

第 7 章　地形图基本知识

7.1　知识要点

（1）地形图比例尺及比例尺精度

1）地形图比例尺：地形图比例尺为地形图上一线段与相应地面上水平线段长度之比。

2）比例尺精度：图上 0.1mm 所对应实地水平距离称为比例尺精度。

3）地形图比例尺的选择，见表 7-1。

地形图比例尺的选择　　表 7-1

比例尺	用　途
1∶10000 1∶5000	城市总体规划、厂址选择、区域位置、方案比较
1∶2000	城市详细规划及工程项目初步设计
1∶1000 1∶500	城市详细规划、工程施工设计、竣工图

（2）地形图的分幅与编号

地形图的分幅方法：将经纬线作为图廓线的梯形分幅法；将平行于坐标网格的直线作为图廓线的矩形分幅法和正方形分幅法。

（3）掌握分幅方法与编号的计算。

（4）地形图上的几种符号，地貌符号，综合地貌及常见地貌如图 7-1 所示。

（5）等高线：地面上高程相同的相邻点的连线在水平面上的投影，如图 7-2 所示。

等高线的特点：

1）同一条等高线上的点的高程相同。

2）等高线是闭合曲线。因为等高线是水平面与地面曲面的交线，所以其交线必然是一闭合曲线。由

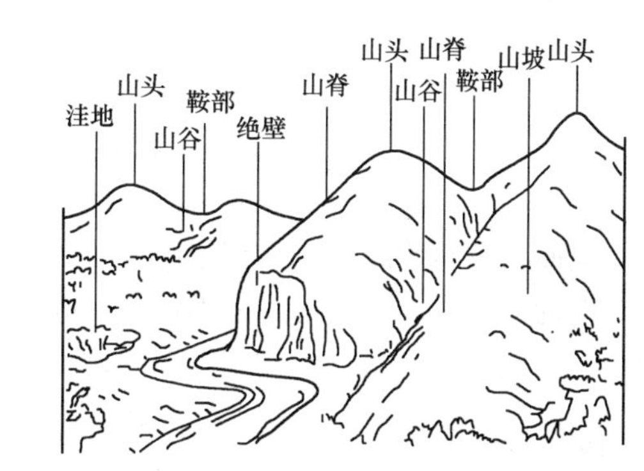

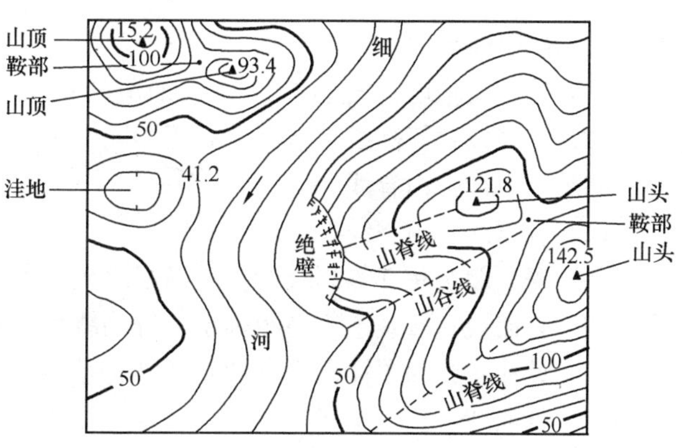

图 7-1　综合地貌及其等高线表示

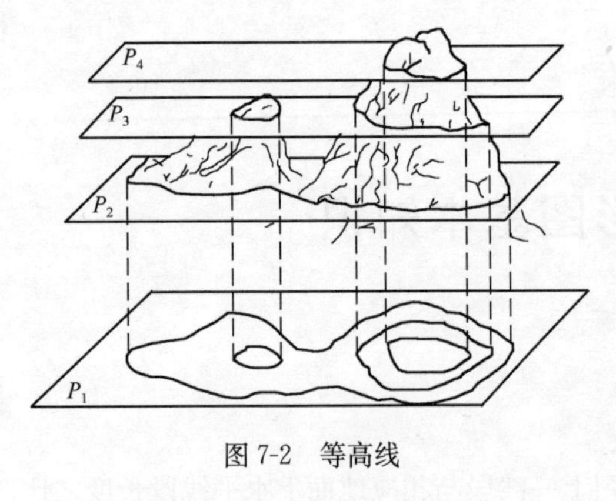

图 7-2　等高线

于地形图的图幅范围有限，因此等高线有可能在图廓线处断开，或与地物与注记等相交时断开。

3）不同高程等高线不能相交或重合。因为不同高程水平面不相交，故相应的等高线不相交或重合。注意绘制地形图时，在陡壁、陡坎、悬崖绝壁等处，不同高程等高线可能相交重合，但应用地貌符号描绘。

4）等高线与山脊线和山谷线正交。山脊线又称分水线，山谷线又称合水线。

5）等高线平距与地面坡度成反比，即地面坡度越陡，等高线越密，反之越疏。

（6）4D（DRG、DLG、DOM、DEM）产品介绍

1）数字栅格地形图（DRG）：栅格图是数字图像的基本形式，也称位图。它以每个像素为单元表现图像。每个像素由位置元素（x、y）和灰度或色彩元素 I 构成，即由（x、y、I）构成。

2）线划数字地形图（DLG）：线划数字地形图是指前面提到的矢量数字地形图。矢量图像由点、线、面表现图形与图像。矢量图的描述并不是针对图像每个像素的特性（如位置与灰度值），而是对于图形的描述，如点的位置、线的位置及面的位置等。矢量图所需要的存储空间较栅格图要少得多，且由于是对图形的描述，随着图形的放大与缩小，图形精度与质量并不会降低。DRG 具有以下特点：图面可以任意缩放；可以用多个图层和多种颜色表示；便于修测更新；便于量算、统计、分析和设计；便于存放、携带和查阅。

3）数字高程模型（DEM）：数字高程模型是利用一系列地面点位的三维坐标（x，y，z）或（x，y，h）描述地面形态的三维数字模型。

4）数字正射影像图（DOM）：航空或卫星影像属于中心投影，具有信息丰富与能够实时反映地面状态等特点，但不宜用于直接进行量测。如果将其纠正转换成正射影像，并配以绘制地物、等高线，进行注记等辅助功能，其用途将很广泛。将中心投影的数字影像予以纠正，将其转换成数字正射影像图的过程，可采用数字微分纠正或数字纠正技术。

7.2　例题解析

7.2.1　名词解释

（1）比例尺精度：图上 0.1mm 所对应的实地水平距离称为比例尺精度。

（2）等高线：等高线是地面上高程相同的相邻点的连线在水平面上的投影。

（3）分水线：山脊线。

（4）合水线：山谷线。

（5）等高距：相邻等高线所代表高程之差，称为等高距。

（6）首曲线：按基本等高距描绘的等高线称为首曲线，又称基本等高线。

（7）计曲线：为了读图的方便，通常将基本等高线从高程零米起算，每隔 4 条加粗描绘，称为计曲线。

（8）间曲线：当首曲线不能详细描绘地貌时，可加绘间曲线，其等高距为 1/2 基本等

高距，又称半距等高线。

（9）助曲线：助曲线又称辅助等高线，可以在任意高度加绘，称为任意等高线。

（10）地形图比例尺：地形图上一线段与相应地面上水平线段长度之比。

（11）分层设色法：是指对于不同高度地面采用不同的颜色描绘，以此描述地貌的变化。

（12）坡度：相邻等高线等高距与等高线平距（相邻等高线之间的水平距离）之比。

7.2.2 简答题

（1）什么是地形图？

按一定比例尺，采用规定的符号和表示方法，表示地面地物、地貌平面位置和高程的正射投影图，称为地形图。

（2）地形图的分幅方法有哪几种？

地形图的分幅方法有两种，一种是将经纬线作为图廓线的梯形分幅法；另一种是将平行于坐标网格的直线作为图廓线的矩形分幅法和正方形分幅法。

（3）地图符号如何分类？分为哪几类？

地图符号按演绎法可分为：1）点状符号；2）线状符号；3）面状符号。

地图符号按表达事物的精确程度可以分为：1）定名量表；2）顺序号表；3）间隔量表；4）比率量表。

（4）等高线分为哪几种？

等高线分为：1）首曲线；2）计曲线；3）间曲线；4）助曲线。

（5）等高线的特点是什么？

1）同一条等高线上点的高程相同。

2）等高线是闭合曲线。

3）不同高程等高线不能相交或重合。

4）等高线与山脊线和山谷线正交。

5）等高线平距与地面坡度成反比，即地面坡度越陡，等高线越密，反之越疏。

7.3 思考练习

（1）地形图和地图有何区别？

（2）什么是地形图的比例尺？地形图的比例尺是如何分类的？地形图的比例尺的表示方法有哪几类，它们各自的适用范围如何？

（3）什么是地形图比例尺的精度？为什么对于不同的应用，应选用不同比例尺的地形图？

（4）国家基本比例尺地形图的比例尺种类有哪些？它们采用的是何种投影方式？

（5）国家基本比例尺地形图是如何进行分幅和编号的？

（6）如图 7-3 所示，编号为 J50F031011 的地形图的比例尺是多少？图幅西南角的经纬度是多少？

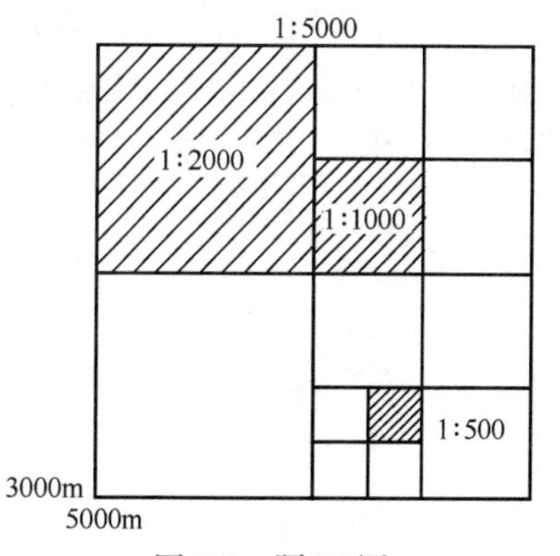

图 7-3　题(6)图

（7）经度为 110°32′40″、纬度为 33°47′13″ 的某点

在1∶10000和1∶100000比例尺地形图上的编号是多少？

(8) 地形图的矩形分幅法有哪几种形式？如图7-3所示的矩形分幅地形图，写出1∶5000及阴影部分的1∶2000、1∶1000、1∶500比例尺地形图的编号。

(9) 地形图中地貌的描绘方法有哪几种？等高线的特性是什么？等高线的种类有哪些？

(10) 什么是等高距和等高线平距？等高线的疏密与地面坡度有何关系？什么是微地貌？

(11) 我们将山脊线和山谷线分别称为分水线和合水线，为什么？

(12) 栅格数字图像是如何构成的？灰度图像和彩色数字图像是如何存储的？

(13) 什么是矢量数字图像？矢量图的优点有哪些？

(14) 什么是数字高程模型？数字高程模型与数字地面模型有何区别？数字高程模型的用途有哪些？

(15) 数字高程模型的主要数据来源是什么？如何进行数字高程模型的消隐处理？

(16) 什么是数字正射影像？什么是数字正射影像图？

(17) 地形图分幅和幅号的意义是什么？我国基本比例尺地形图分幅的依据和基础是什么？其分幅和编号有哪些种类？

(18) 根据分幅和编号的规律，若知某地的经纬度怎样求出该地所在的图幅编号及相邻图幅的编号？

(19) 大比例尺测图通常采用何种方法进行分幅编号？

(20) 图幅元素包括哪些内容？获取图幅元素通常采用哪些方法？

(21) 什么叫地图投影？地图投影变形概括起来有哪几种？

(22) 为了限制或消除某一地图投影变形，通常采用哪几种地图投影形式？

(23) 高斯投影的基本条件是什么？投影后经纬线的主要变形规律有哪些？

(24) 高斯投影为什么要分带？他限制了哪种变形？为何大比例尺地形图不宜采用6°带投影？

(25) 6°带与3°带有何关系？各是怎样划分的？何时可直接用6°带成果当作3°带成果用？

(26) 投影带的中央子午线经度和投影带的带号有何关系？

(27) 高斯—克吕格平面直角坐标系是如何建立的？有何特点？为什么要用通用坐标？

(28) 在我国内有一坐标值如下：$x=11453.84$m，$y=20225760.17$m，请判断该点的坐标是否是国家坐标系中的坐标，若是，请指明它的带号、相应带的中央子午线的经度和其真实坐标值，若不是，请讲明理由。

第 8 章　大比例尺地形图测绘方法

8.1　知识要点

（1）地形是地物和地貌的总称。地物是指地表面天然或人工形成的各种固定建筑物，如河流、森林、房屋、道路和农田等。地貌是指地面上的高低起伏形态，如高山、丘陵、平原、洼地等。

（2）地形图的测绘包括图根控制测量、图纸准备、图根点的展绘、外业测图、检查拼接及清绘整饰。

（3）测量碎部点平面位置的基本方法。

1）碎部点的选择：地物碎部点主要是地物轮廓线的转折点，如房角点、道路边线转折点以及河岸线的转折点等，地貌碎部点就是地面坡度及方向变化点；地貌碎部点应选在最能反应地貌特征的山顶、鞍部、山脊线、山谷线、山坡、山脚等坡度变化及方向变化处。

2）经纬仪测绘法：实质是按极坐标法测点绘图。

如图 8-1 所示，观测时先将经纬仪安置在测站 A 上，绘图板安置于测站旁，用经纬仪测定碎部点 1 的方向与已知方向 B 之间的夹角 β_1，测站 A 至碎部点 1 的水平距离 D_1 和碎部点的高程 H_1。然后根据测定数据用量角器和比例尺把碎部点的位置展绘在图纸上，并在点的右侧注明其高程，再对照实地描绘地形。

3）光电测距仪测绘法：不同于经纬仪测绘法，由光电测距仪来代替经纬仪的视距。

如图 8-2 所示，先在测站 A 上安置测距仪，量出仪器高 i，后视另一控制点 B 进行定向，使水平度盘读数为 $0°00'00''$。

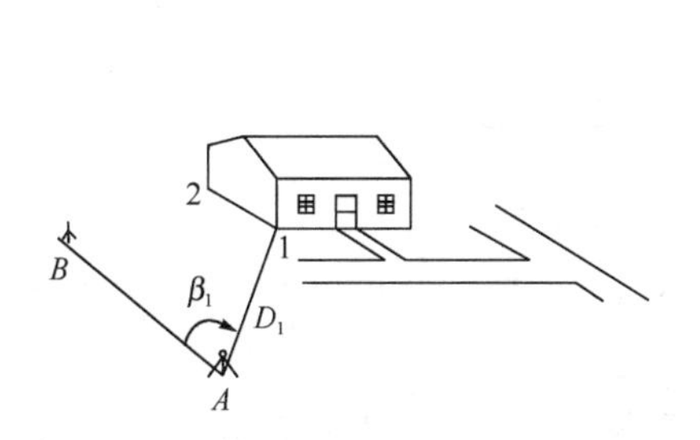

图 8-1　一个测站点上极坐标法测图

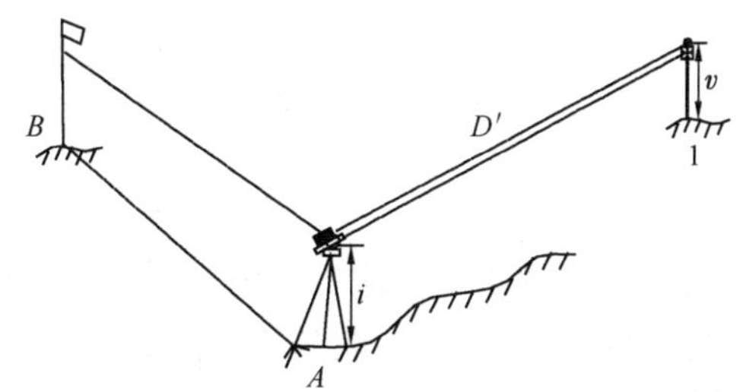

图 8-2　光电测距仪测绘法测图

立尺员将测距仪的单棱镜装在专用测杆上，并读出棱镜下觇标中心到测杆底的高度 v，为计算方便，调整测杆高，使 $v=i$。立尺时将棱镜面向测距仪立于碎部点 1 上。

观测时，瞄准棱镜的标志中心，读出水平度盘读数 β，测出斜距 D'，竖直角 L，并做记录。

$$D_0 = D' \cdot \sin L$$

$$H = H_A + D' \cdot \cos L + i - v$$

将 D' 输入计算器，计算平距 D_0 和碎部点高程 H。然后，与经纬仪测绘法一样，将碎部点展绘于图上。

4）注意事项

(a) 先读取水平角；读竖盘读数时，检查竖盘指标水准管气泡是否居中或带有竖盘自动安平装置的开关是否打开；水平角估读至 5′，竖盘读数估读至 1′；每观测 20～30 个碎部点，重新瞄准起始方向，检查其变化情况。经纬仪测绘法起始方向水平度盘读数偏差不得超过 3′。

(b) 跑点前，与观测员和绘图员商定跑尺路线。地形复杂时还需绘出草图。

(c) 图面正确整洁，注记清晰，随测点，随展绘，随检查的方法。

(4) 地形图数字化测绘及地图数字化

1）数字地形图：数字测图（Digital Surveying and Mapping，DSM）系统，是指以计算机为核心，外连输入输出设备，在硬、软件的支持下，对地形数据进行采集、输入、成图、绘图、输出、管理的测绘系统。

2）数字化测图基本思想，如图 8-3 所示。

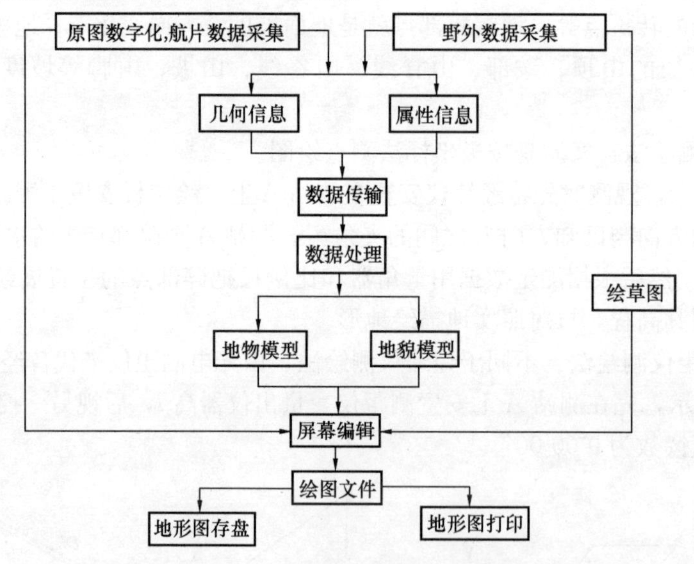

图 8-3　数字化测图的基本思想

3）数字化测图主要方法有：电子平板法见图 8-4、草图法见图 8-5、数字化仪法见图 8-6、扫描矢量法见图 8-7、航测法见图 8-8 等。

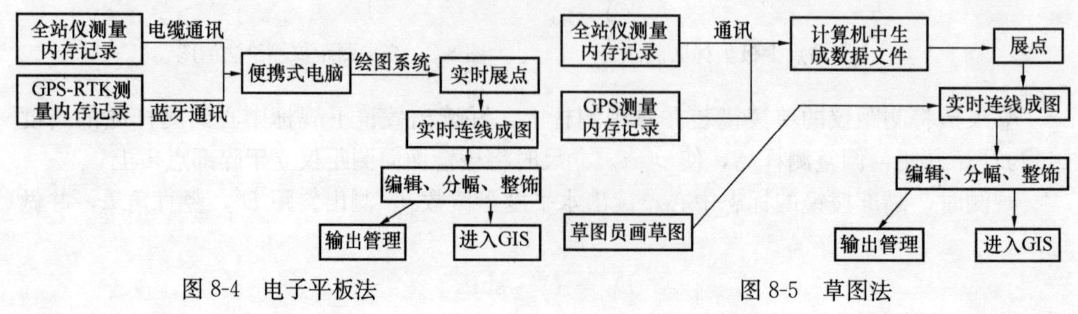

图 8-4　电子平板法　　　　图 8-5　草图法

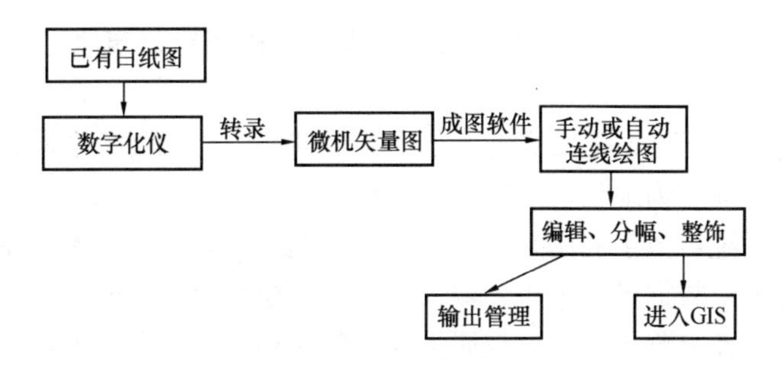

图 8-6　数字化仪法

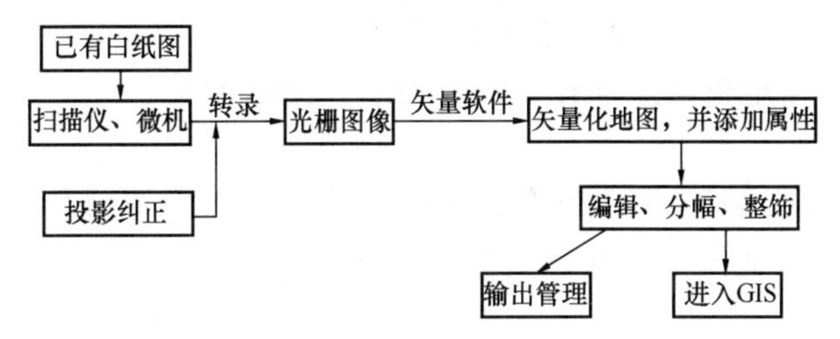

图 8-7　扫描矢量法

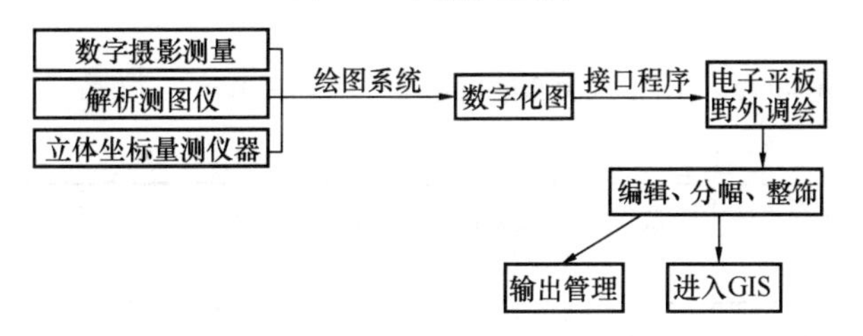

图 8-8　航测法

（5）航测像片与地形图的区别

1）投影方面的差别

地形图是正射投影，测图比例尺是一个常数且各处均相同。航摄像片是中心投影，只有当地面绝对平坦，并且摄像时像片又能严格水平时，像片上各处的比例尺才一致，中心投影才与地形图所要求的垂直投影保持一致。

2）表示方法和表示内容不同

在表示方法上，地形图是按成图比例尺所规定的地形图符号来表示地物和地貌的，而像片则是反映实地的影像，它是由影像的大小、形状、色调来反映地物和地貌的。

3）在表示内容上，地形图常用注记符号对地物符号和地貌符号作补充说明，如村名、房屋类型、道路等级、河流的深度和流向、地面的高程等，而这些在像片上是表示不出来的。因此，对航摄像片必须进行航测外业的调绘工作。利用像片上的影像进行判读、调查和综合取舍，然后按统一规定的图式符号，把各类地形元素真实而准确地描绘在像片上。

8.2　例题解析

8.2.1　名词解释

（1）地形：地形是地物和地貌的总称。

(2) 地物：地物是指地表面天然或人工形成的各种固定建筑物，如河流、森林、房屋、道路和农田等。

(3) 地貌：地貌是指地面上的高低起伏形态，如高山、丘陵、平原、洼地等。

(4) 碎部点：碎部点为地物、地貌特征点。

(5) 数字测图系统：数字测图系统是指以计算机为核心，外连输入输出设备，在硬、软件的支持下，对地形数据进行采集、输入、成图、绘图、管理的测绘系统。

(6) 地籍测量：地籍测量是指对权属土地及附属物的边界及界址点，利用各种测量技术进行精确测定，并用各种形式记录。

(7) 地籍：通常把土地及其附属物的权属信息称为地籍。

(8) 土地权属：土地权属指与土地相关的权利范畴的确定。

8.2.2 简答题

大比例尺地形图测绘时平面控制测量和高程控制测量最常用的方法有哪些？

导线测量，水准测量和GPS定位技术。

8.2.3 计算题

(1) 根据碎部测量记录中的数据，计算各碎部点的水平距离和高程。

碎部测量手簿

侧站点：A　　定向点：B　　测站点高程：42.84m　　仪器高：1.48m　　竖盘指标差：0″

点号	视距 (m)	中丝读数 (m)	竖盘读数 (°　′)	竖直角 (°　′)	高差 (m)	水平角 (°　′)	平距 (m)	高程 (m)	备　注
1	55.1	1.48	93 28			48 08			
2	40.4	1.48	74 26			56 22			
3	78.3	2.48	87 51			238 46			
4	67.8	2.48	96 14			196 47			

【解析】

碎部测量手簿

侧站点：A　　定向点：B　　测站点高程：42.84m　　仪器高：1.48m　　竖盘指标差：0″

点号	视距 l (m)	中丝读数 V (m)	竖盘读数 L (°　′)	竖直角 (°　′)	高差 (m)	水平角 (°　′)	平距 (m)	高程 (m)	备　注
1	55.1	1.48	93 28	−03 28	−3.33	48 08	54.9	39.15	
2	40.4	1.48	74 26	+15 34	+10.44	56 22	39.0	53.28	
3	78.3	2.48	87 51	+02 09	+2.94	238 46	78.19	44.78	
4	67.8	2.48	96 14	−06 14	−7.32	196 47	67.0	34.52	

竖直角 $\alpha_{左}=90^{\circ}-L$

高差 $h=\frac{1}{2}Kl\sin 2\alpha+i-v$

平距　$D=K_1\cos^2\alpha$

（2）用目估法勾绘所拟地形点图 8-9 的等高线图（测图比例尺为 1∶1000，等高距为 1m），如图 8-10 所示。

【解析】

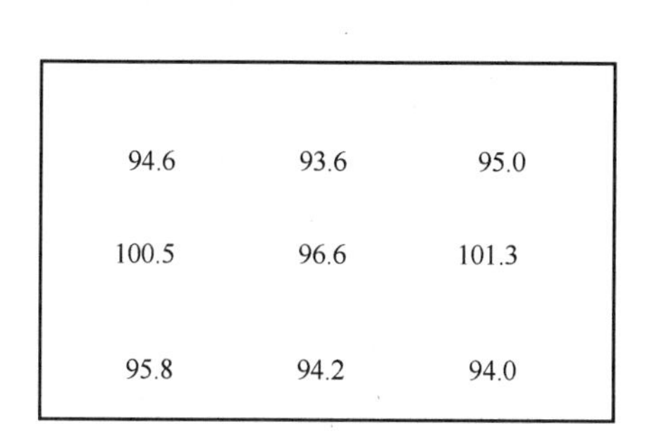

图 8-9 拟勾绘的地形点

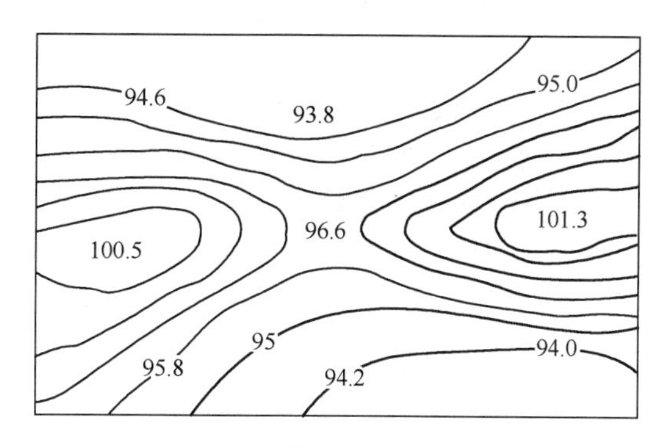

图 8-10 目估法勾绘的等高线图

（3）编号为 J50F031011 的地形图的比例尺是多少？图幅西南角的经纬度是多少？

【解析】 国家基本比例尺地图的编号由 10 位码组成，其中，第一位是比例尺地图图幅行号（字符码）；第 2、3 位是比例尺地图图幅列号（数字码），不足 2 位则前面补零；第 4 位是比例尺代码（字母）；第 5、6、7 位是图幅行号（数字码），不足 3 位则前面补零；第 8、9、10 位是图幅列号（数字码）。

由此可知，比例尺代码 F 对应的比例尺是 1∶25000

图幅西南角是东经 $114°+\frac{11}{42}\times6°=115°22'30''$，北纬 $36°+\frac{42-31}{42}\times4°=37.°25'$。

（4）经度为 $110°32'40''$，纬度为 $33°47'13''$的某点在 1∶10000 和 1∶100000 比例尺地形图上编号是多少？

【解析】 1∶10000 比例尺代码为 G，根据比例尺地图分幅及编号得：

$$\frac{110°32'40''-102°}{6°}\times96$$

$$96-\frac{33°47'13''-32°}{4°}\times96=53.1\approx54$$

所以，1∶10000 比例尺地形图上的编号是 I49G054041

同理得 1∶100000 比例尺地形图上的编号是 I49D007006

8.3 思考练习

8.3.1 简答题

（1）大比例尺地形图对于地面点的平面位置和高程要求精度是多少？

（2）简述利用经纬仪测绘法测绘地形图的过程及注意事项。

（3）简述利用电子全站仪测绘地形图的过程。

（4）分述人工和计算机绘制等高线方法。

（5）简述数字成图的关键步骤，SV300 数字文件结构的特点是什么？

（6）什么是像片的方位元素，什么叫共线方程，其作用是什么？

（7）什么叫影像的立体量测，其作用是什么？

（8）像片调绘内容有哪些？

（9）航摄像片与地形图有什么不同？

（10）什么叫初始地籍调查和变更地籍调查？

（11）可以利用哪些方法测量界址点？

（12）简述数字摄影测量成图的基本思想。

（13）地籍图与地形图的差异是什么？

（14）大比例尺地形测图的特点和遵循的原则是什么？

（15）大比例尺地形测图的技术计划内容包括哪些方面？试写出拟定技术计划的具体方法、步骤及其注意事项。

（16）方格网的展绘方法有哪几种？内外分点法展绘已知点的意义、原理和方法各是什么？

（17）在大比例尺野外地形测量中，碎部点的含意、测量方法各是什么？

（18）地物测绘的一般原则是什么？测绘地物的基本方法和辅助方法各有哪几种？

（19）原图整饰的内容、步骤是什么？作业人员在原图整饰中应注意哪些事项？

（20）作业成果、成图检查验收的目的、内容和方法步骤是什么？如何写好技术总结？

8.3.2 计算题

（1）根据图 8-11 所示碎部点的平面位置和高程，勾绘等高距为 1m 的等高线，加粗并注记 45m 高程的等高线。

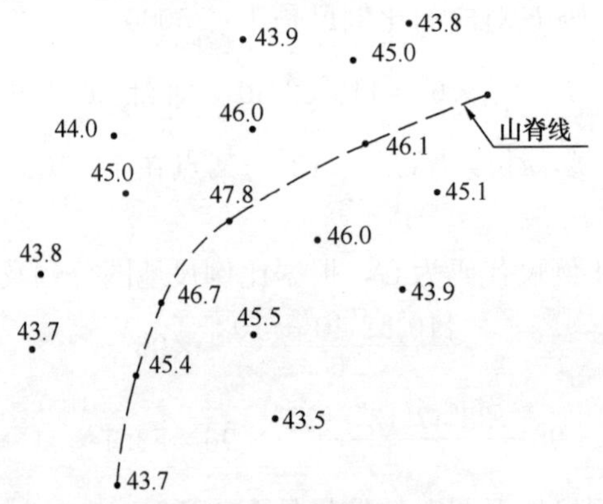

图 8-11 碎部点展点图

（2）表 8-1 是量角器配合经纬仪测图法在测站 A 上观测 2 个碎部点的记录，定向点为 B，仪器高为 $i_A=1.5$m，经纬仪竖盘指标差 $X=0°12'$，测站高程为 $H_A=4.50$m，试计算碎部点的水平距离和高程。

量角器配合经纬仪测图法记录表　　　　表 8-1

序号	下丝读数 (m)	上丝读数 (m)	竖盘读数 (° ′)	水平盘读数 (° ′)	水平距离 D (m)	高程 H (m)
1	1.947	1.300	87 21	136 24		
2	2.506	2.150	91 55	241 19		

第9章　地形图的应用

9.1　知识要点

（1）地形图的阅读。

普通地图包括数学要素、地理要素、辅助要素3部分。地形图使用前必须首先熟悉地形图的相关规范及内容，在此基础上对地形图进行分析和应用。

（2）地形图的应用，可利用地形图求点的坐标、高程、两点之间的距离、方位及坡度。

（3）点位平面坐标的测量。

在大比例尺地形图中也可以量取地形图上某一点位的地理坐标。因为大比例尺地形图的经纬线近似于直线，如图9-1所示，若想量取点P的地理坐标，首先根据图廓线上的经纬度分划绘制经纬线网格（图中虚线），然后过点P作平行于经纬线的直线，在相邻经纬线网格上截取距离ab和ac，则点P的地理坐标为

$$\lambda_P = \lambda_a + \Delta\lambda = \lambda_a + \Delta\lambda_0 \frac{ac}{AD} \tag{9-1}$$

$$\varphi_P = \varphi_a + \Delta\varphi = \varphi_a + \Delta\varphi_0 \frac{ab}{AB} \tag{9-2}$$

式中　λ_a和φ_P——是点P所在相邻经纬线格网西南角的地理坐标；

$\Delta\varphi_0$——纬线网格边AB线段所代表的纬差；

$\Delta\lambda_0$——纬线网格边AD线段所代表的经差。

（4）两点间水平距离的测量。

可以通过分别量取图上直线两端点的平面坐标计算出在图上量取两点间水平距离。当量测精度要求不高，可以利用图上的图示比例尺或复式比例尺直接量取两点间距离。在中小比例尺地形图上量测的直线距离，应根据投影公式进行投影变形改正，或用经、纬线复式比例尺进行量距的改正。

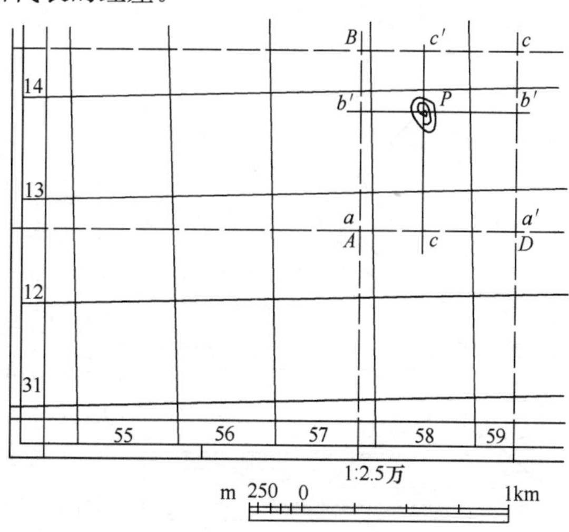

图9-1　测量点位坐标

（5）方位角的测量。

在图9-2上量取AB两点的坐标，便可计算出直线AB的坐标方位角。当精度要求不高时，也可以用量角器直接量取坐标方位角。过点A的x轴为起始方向，顺时针量取至AB方向的夹角，便是AB方

向的坐标方位角。当以过点 A 的经线为起始方向时，量取的是直线 AB 的真方位角。也可以根据三北方向线将量得的某种方位角改正成其他形式的方位角度值。

（6）点位高程的确定。

欲求地形图 9-3 上的点 K 的高程，可在点 K 所在两相邻等高线之间按线性比例进行高程内插。过点 K 作一条大致垂直于两相邻等高线的最短线 mn，与相邻等高线的交点分别为 m 和 n，相邻等高线等高距为 h，则点 K 与点 m 之间的高差及点 K 高程如式（9-3）和（9-4）所示。

$$h_{\mathrm{mK}} = h\frac{mK}{mn} \tag{9-3}$$

$$H_{\mathrm{K}} = H_{\mathrm{m}} + h_{\mathrm{mK}} \tag{9-4}$$

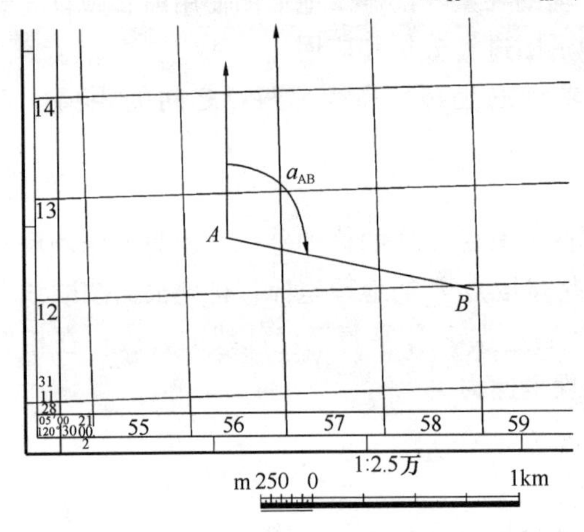

图 9-2　测量方位角

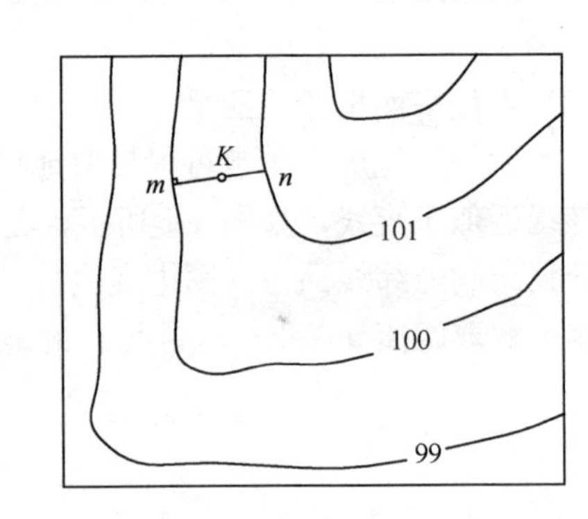

图 9-3　确定点位高程

（7）利用地形图量算面积体积，常用方法：方格模片法、平行线模片法、求积仪法、解析法。

（8）工程设计与施工中地形图的应用：绘制纵横断面图、按限定坡度选定两点间最短路线、确定汇水面积、水库库容量的计算、场地平整。

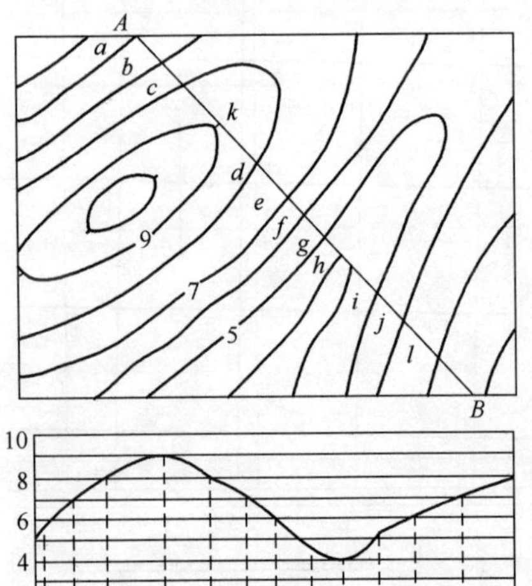

图 9-4　纵断面图

1）绘制纵横断面图：在公路、铁路、输电线、水渠等设计中，为估算工程量，需要沿线路或垂直于线路方向绘制地面的断面图，即要绘制地面纵横断面图。如图 9-4 所示，欲在 AB 两点连线方向绘制一断面图。首先在地形图上作 AB 两点的连线，连线与等高线的交点高程为等高线高程。绘制一直角坐标，横轴代表直线 AB，点 A 为原点，横轴尺度代表水平距离。纵轴代表高程，纵轴的尺度可以不同于横轴的尺度，以便夸大高程的起伏。

2）按限定坡度选定两点间最短路线：在公路、铁路、水渠及各类管线的设计中，一般都有严格的坡度限制，即线路最大坡度不应超过某一限值。在满足坡度限制的情形下，我们总希望以最短距离使地面上的两点相通，同时应考虑实际地质构造的限制、工程量大小、施工的方便程度等因素，对各种方案进行比较。下面仅就限定坡度情况下，选择最短路线方法进行叙述。如图 9-5 所示，设欲在点 A 和点 B 之间修一条公路，限定坡度为 $i=10\%$，地形图比例尺为1∶2000，基本等高线等高距为 $h=5\text{m}$，则通过相邻等高线的最短距离为 $d=\frac{h}{i \cdot M}=\frac{5}{0.1 \times 2000}=0.025\text{m}$，在图上进行量距时，以点 A 为圆心，作以 d 为半径的圆弧，与上一个相邻等高线相交，交点为 1 点，然后再以 1 点为圆心，d 为半径，作与上一个相邻等高线的交点，以此类推，到达点 B 为止。将与等高线交点 A，1，2，3，…，B 连接起来，便是限定坡度条件下，AB 两点间最短路径，图 9-5 中绘出了两条最短路径。实际当中应综合考虑各种因素，选择最佳方案。

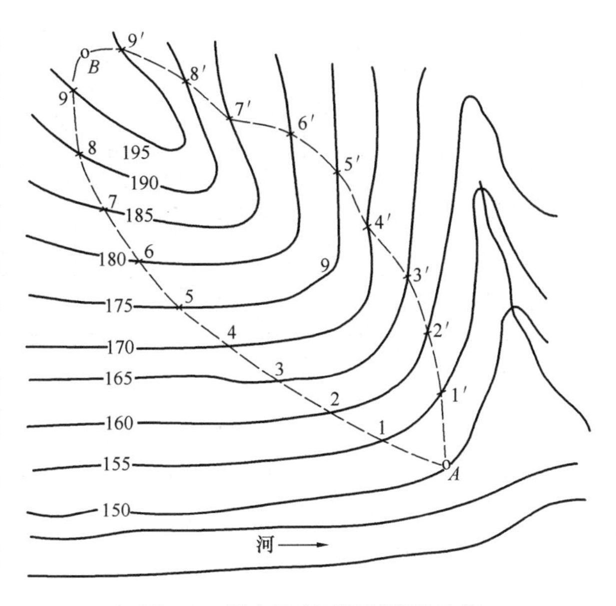

图 9-5 限定坡度下最短路线选择

3）确定汇水面积：在水库与道路的设计当中，需要考虑水坝、桥涵的建设。此时，坝体位置及高度、桥涵孔径大小的确定都与上游汇水面积有关。在此，汇水面积指某个区域，这个区域的雨水会汇积到水坝或桥涵处。汇水面积可在地形图上进行确认与量测。汇水面积的边界线与山脊线一致，与等高线垂直，并通过一系列山头和鞍部，最后与所指定的断面闭合，如图 9-6 所示。图中 AB 为欲修筑的坝体或桥涵，图中虚线为断面 AB 的汇水面积。

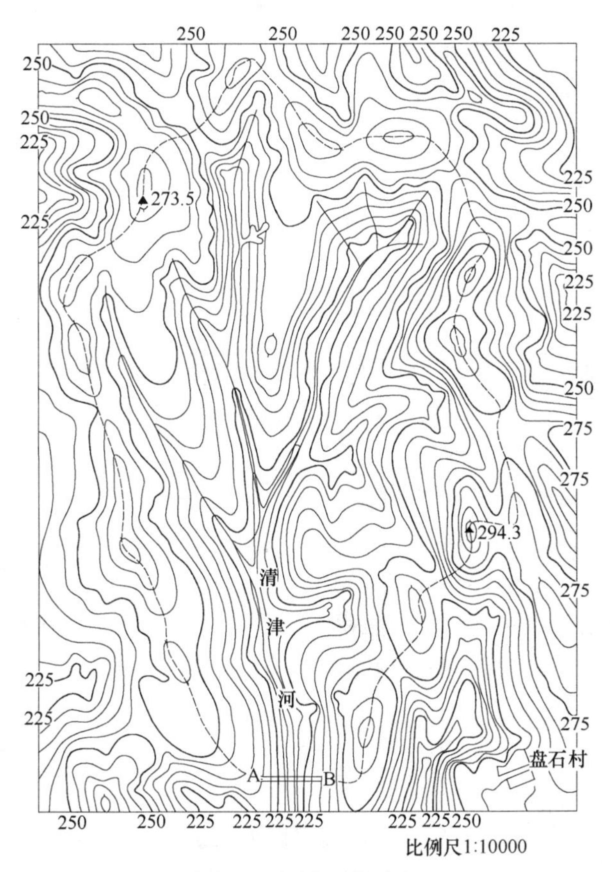

图 9-6 汇水面积确定

4）水库库容量的计算：进行水库设计时，需要根据溢洪道的起点高程，确定水库的蓄水容量。

5）场地平整

a. 计算地面各点高程

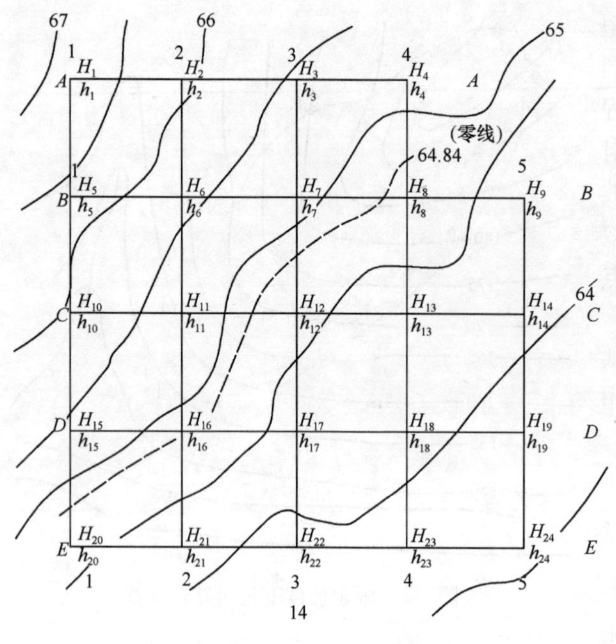

图 9-7 场地平整方格网

在欲平整的范围内画出方格网，如图 9-7 所示，并对每个纵横方格线与顶点进行编号，然后根据等高线内插出各方格顶点的高程 H_1，H_2，…，H_n，并将其注于方格顶点右上方。设地形图比例尺分母为 M，基本等高距为 d。

b. 计算设计高程

将每个方格四个顶点的高程取平均值，为每个方格内地面的平均高程。将各方格平均高程相加，并除以总方格数，即为所设计平整后地面高程。图中虚线即为设计高程等高线，它是填挖土石方的分界线，或称零线，以满足计算中“填、挖平衡”的要求。设计高程计算公式为如式(9-5)～式(9-9)所示

$$H_1 = \text{角点高程之和} \times 1/4 \tag{9-5}$$

$$H_2 = \text{边点高程之和} \times 2/4 \tag{9-6}$$

$$H_3 = \text{拐点高程之和} \times 3/4 \tag{9-7}$$

$$H_4 = \text{中间点高程之和} \times 1 \tag{9-8}$$

$$n_{\text{方}} = \text{方格总数}$$

$$H_{\text{设计}} = \frac{1}{n_{\text{方}}}(H_1 + H_2 + H_3 + H_4) \tag{9-9}$$

c. 计算填挖高度如式（9-10）所示

$$h_{\text{填挖}} = H_{\text{地面}} - H_{\text{设计}} \tag{9-10}$$

计算出的填挖高度为正时，表示该点处的挖掘深度；为负时，表示该点处的填埋高度。

d. 计算填挖土石方量

填挖土石方量计算公式如式(9-11)～式(9-14)所示

$$\text{角点填(挖)高度 } h \times 1/4 \text{ 方格面积} \tag{9-11}$$

$$\text{边点填(挖)高度 } h \times 2/4 \text{ 方格面积} \tag{9-12}$$

$$\text{拐点填(挖)高度 } h \times 3/4 \text{ 方格面积} \tag{9-13}$$

$$\text{中间点填(挖)高度 } h \times \text{方格面积} \tag{9-14}$$

最后计算填土石方量总和与挖土石方量总和，两者应基本相等。

9.2 例题解析

9.2.1 名词解释

（1）水平距离测设：以地面上某一点为线段的起点，在给定的方向上标定出该线段的终点，使该线段的水平距离等于设计值。

（2）水平角测设：所谓水平角测设，就是已知角的顶点和一个方向，在地面上标定出另一方向，使其与已知方向间的水平夹角等于设计值。

（3）高程测设：所谓高程测设，就是将某点的设计高程在实地上标定出来。

（4）极坐标法：就是通过测设一个水平角和一段水平距离来确定点平面位置的方法。

9.2.2 简答题

地形图应用的基本内容有哪些？在工程设计中地形图的应用有哪些？

地形图应用的基本内容有：确定点的坐标和高程，确定两点间直线的水平距离，方位角和坡度；地形图在工程设计中的应用内容有：绘制地形图上某直线的纵断面图，在地形图上按限制坡度选线，在地形图上确定面积和计算土方石量。

9.2.3 计算题

图 9-8 为 1∶1000 比例尺地形图。

（1）将图中方框内的场地平整为平地，在控填平衡下求出设计高程、各小方格顶点的填挖高度和总的填挖土石方量。

（2）现欲将场地平整为一均匀倾斜面，AB 线的设计高程为 105m，以 5%的坡度使场地向北下降倾斜。试绘出设计等高线，求出各小方格顶点填挖高度，并计算总的填挖土石方量。

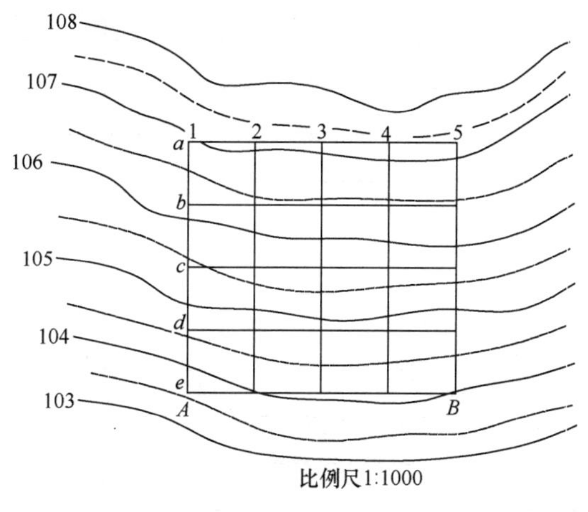

图 9-8 地形图

【解析】

（1）计算地面各点高程。根据等高线内插出各方格顶点的高程 H_1，H_2，……H_n，并将其标注于方格顶点右上方。

（2）计算设计高程

$$H_1=(106.9+107.3+103.6+104.0)\times\frac{1}{4}=105.425\text{m}$$

$$H_2=(107.2+107.2+107.4+106.2+105.4+104.6+106.4+105.6+104.7+104.0+104.1+104.1)\times\frac{2}{4}=633.45\text{m}$$

$$H_4=(106.4+106.4+106.4+105.7+105.7+105.6+104.8+104.9+104.8)\times\frac{4}{4}$$

$=950.7\text{m}$

$$H_{设}=(H_1+H_2+H_4)\times\frac{1}{n_{格}}=(105.425+633.45+950.7)\times\frac{1}{16}=105.6\text{m}$$

(3) 计算填挖高度

$$h_{填挖}=H_{地面}-H_{设计}$$

(4) 计算填挖土石方量

角点：$(1.3+1.7-2-1.6)\times\frac{1}{4}\times64=-9.6\text{m}$

边点：$(0.6-0.2-1+1.6+1.6+1.8+0.8+0-0.9\text{-}1.5-1.5-1.6)\times\frac{2}{4}\times64$

$=-9.6\text{m}$

中间点：$(0.8+0.8+0.8+0.1+0.1+0-0.8-0.7-0.8)\times1\times64=19.2\text{m}$

	挖深（m）	填高（m）	所占面积（m^2）	挖方量（m^3）	填方量（m^3）
a_1	1.3		64	20.8	
a_2	1.6		64	51.2	
a_3	1.6		64	51.2	
a_4	1.8		64	57.6	
a_5	1.7		64	27.2	
b_1	0.6		64	19.2	
b_2	0.8		64	51.2	
b_3	0.8		64	51.2	
b_4	0.8		64	51.2	
b_5	0.8		64	25.6	
c_1		0.2	64		6.4
c_2	0.1		64	6.4	
c_3	0.1		64	6.4	
c_4	0		64	0	
c_5	0		64	0	
d_1		1	64		32
d_2		0.8	64		51.2
d_3		0.7	64		44.8
d_4		0.8	64		51.2
d_5		0.9	64		28.8
e_1		2	64		32
e_2		1.6	64		51.2
e_3		1.5	64		48
e_4		1.5	64		48
e_5		1.6	64		25.6
总计				419.2	419.2

(5) $i=\frac{\Delta h}{D}\times 100$　　$5=\frac{\Delta h}{g\times 4}\times 100$　　$\Delta h=1.6\mathrm{m}$

	挖深（m）	填高（m）	所占面积（m^2）	挖方量（m^3）	填方量（m^3）
a_1	3.5		64	56	
a_2	3.8		64	121.6	
a_3	3.8		64	121.6	
a_4	4		64	128	
a_5	3.9		64	62.4	
b_1	2.4		64	76.8	
b_2	2.6		64	166.4	
b_3	2.6		64	166.4	
b_4	2.6		64	83.2	
b_5	2.6		64	38.4	
c_1	1.2		64	96	
c_2	1.5		64	96	
c_3	1.5		64	89.6	
c_4	1.4		64	44.8	
c_5	1.4		64	0	
d_1	0		64	12.8	
d_2	0.2		64	19.2	
d_3	0.3		64	12.8	
d_4	0.2		64	3.2	
d_5	0.1		64		22.4
e_1		1.4	64		32
e_2		1	64		28.8
e_3		0.9	64		28.8
e_4		0.9	64		16
e_5		1	64		25.6
总计				1561.6	128

9.3　思考练习

（1）地图由哪些要素构成？地形图图廓外的内容一般有哪些？什么是接图表？什么是三北方向线？

（2）在地形图上进行量算时，影响其精度的因素有哪些？

(3) 地形图上有一直线 AB，其坐标方位角的量算值为 $\alpha_{AB}=103°11'23''$。地形图的图廓外说明中标明此图的子午线收敛角为 $+3'27''$，磁偏角为 $-21'45''$，问 AB 直线的真方位角和磁方位角是多少？

(4) 求积仪的量测精度如何确定？图解法、求积仪法和解析法进行图上面积量算分别适用于何场合？

(5) 如图 9-9 所示，其比例尺为 1∶2000，完成下列任务：

1) 在图上绘出 M 至 N 的坡度不大于 8%的路线；

2) 沿 AB 方向绘制纵断面图（水平距离比例尺为 1∶2000，高程比例尺为 1∶200）。

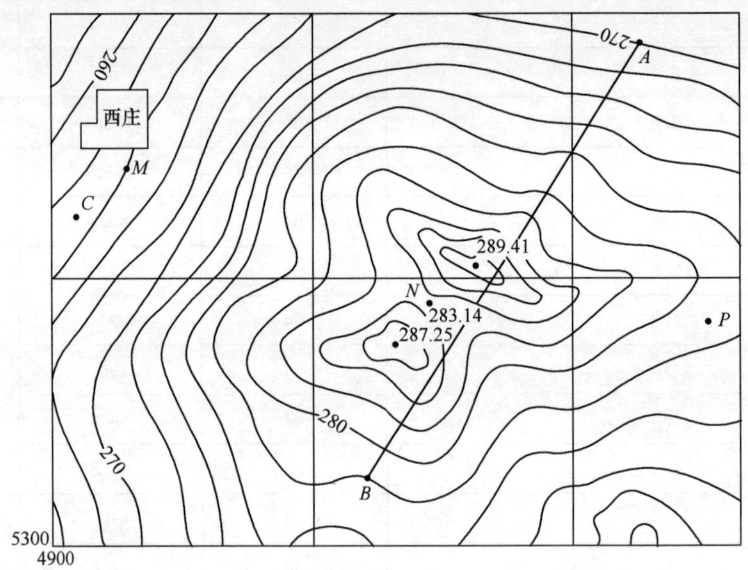

图 9-9 题（5）图

(6) 如图 9-10 所示为 1∶2000 比例尺地形图，请在图上完成：

1) 求 A、B 两点坐标。

2) 求 A、B 两点距离及方位角。

3) 求 A、B 两点高程及地面坡度。

4) 绘制 A 和 B 方向线的纵断面图。

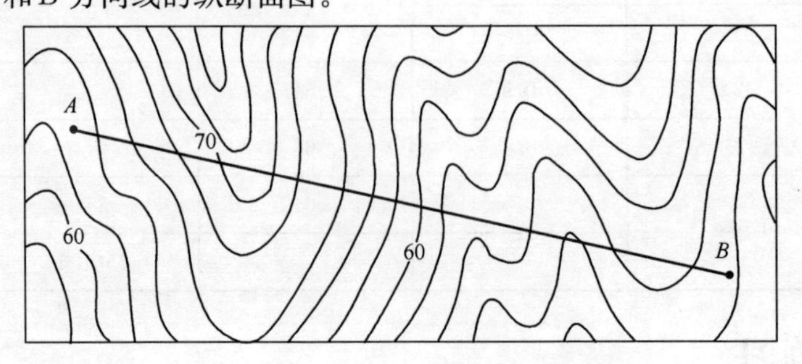

图 9-10 题（6）图

(7) 如图 9-11 所示，指出 3 个山头和 3 个鞍部，并用铅笔绘出 3 条山脊线和 3 条山谷线，用虚线描绘。

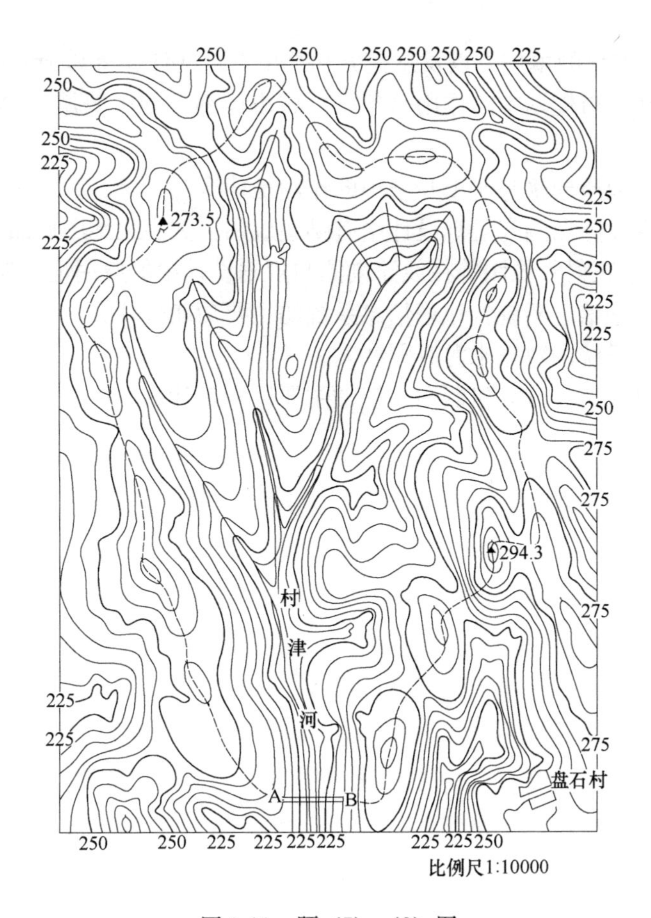

图 9-11　题（7）、（8）图

（8）如图 9-11 所示，有 2 个山头，高分别是 273.5m 和 294.3m，试绘制两山头连线间的断面图，水平距离与高程的尺度可以不同。

（9）图 9-12 表示某一缓坡地，按填挖基本平衡的原则平整为水平场地。首先，在该图上用铅笔打方格，方格边长为 10m。其次，由等高线内插求出各方格顶点的高程。以上两项工作已经完成，现要求完成以下内容：

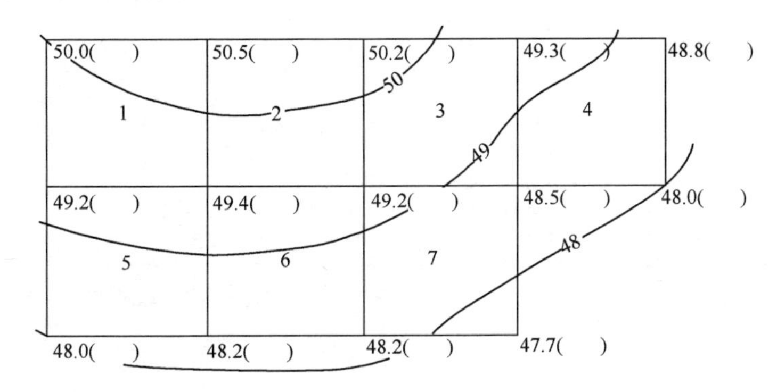

图 9-12　题（9）图

1）求出平整场地的设计高程（计算至 0.1m）；

2）计算各方格顶点的填高或挖深量（计算至 0.1m）；

3）分别计算各方格的填挖方以及总挖方和总填方量（计算至 $0.1m^3$）。

（10）地形图在城市规划中的作用是什么？城市详细规划中要用到哪些比例尺的地形图？

（11）地形图在地质勘察与矿山开采中的作用是什么？

（12）地形图在线路勘测与规划设计中有哪些应用？数字化地图产品，如数字地形图、数字地面模型、数字正射影像图等在线路勘测与规划设计中的应用情况如何？

（13）什么是地理信息系统？地理信息系统的主要功能是什么？

（14）地理信息系统的数据来源有哪些？

（15）地理信息系统与计算机制图系统的主要区别是什么？

第10章　工程放样方法

10.1　知识要点

（1）测设（放样）：放样又称测设，是建筑工程测量最主要的工作之一，它是把设计图纸上建筑物的平面位置和高程，与控制点或定位轴线点的平面位置和高程，换算为它们之间的水平角、水平距离和高差，然后到实地根据控制点或定位轴线，用相关测量仪器放样水平角、水平距离和高程。

（2）测量基本元素放样；

1）水平距离

以地面上某一点为线段的起点，在给定的方向上标定出该线段的终点，使该线段的水平距离等于设计值。如图10-1所示，已知地面上点 A 及 AC 方向，现要在 AC 方向上测设出点 B，使 A、B 两点的水平距离为设计值 L，其方法如下：

首先，从起点 A 开始沿 AC 方向丈量稍大于设计值 L 的长度 L_1，得到点 B'；然后精确测定 L_1 的长度得 AB'的水平距离 L'，求得差值 $d=L'-L$；最后按照 d 的符号，用小钢尺从点 B'沿 AC 方向水平量出 d 即得到 B，至此水平距离 L 测设完毕。

2）水平角

已知角的顶点和一个方向，在地面上标定出另一方向，使其与已知方向间的水平夹角等于设计值。如图10-2所示，AB 为一已知方向，现要在点 A 以 AB 为起始方向向其右（或左）侧测设给定的水平角 β，其方法如下：

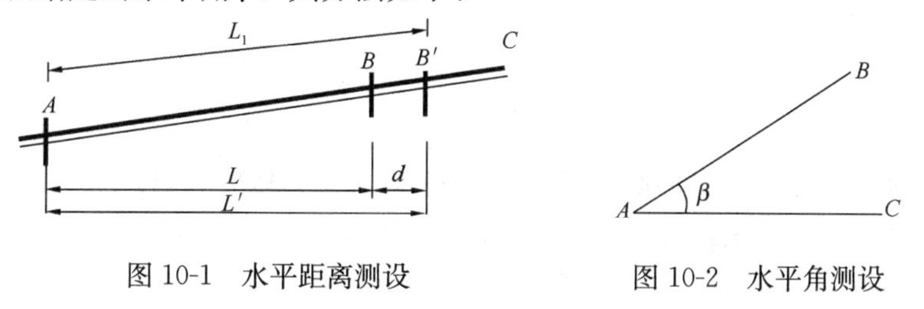

图10-1　水平距离测设　　　图10-2　水平角测设

首先，在点 A 安置经纬仪或全站仪，用盘左瞄准点 B，读取水平度盘读数；然后，松开水平制动螺旋，顺（逆）时针转动照准部，使水平度盘增加（减少）β 值，此时望远镜视线方向即为欲测设的方向；最后，在此方向上适当位置标定出点 C，至此水平角即测设完毕。

3）高程

将某点的设计高程在实地上标定出来。如图10-3所示，已知水准点 A 的高程为 H_A，现欲在木桩上测设高程为 H_B 的点 B，其方法如下：

首先在 AB 两点之间安置水准仪，在点 A 上竖立水准尺，读取后视读数 a；然后计算出 B 的前视读数 $b=H_A+a-H_B$；最后将水准尺紧贴点 B 木桩侧面上下移动，当尺上读

数为 b 时尺底即为设计高程，此时在紧靠尺底的木桩侧面上画一水平线即标定完毕。

（3）平面点位放样方法：

1）极坐标法：

所谓极坐标法，就是通过测设一个水平角和一段水平距离来完成点平面位置测设。这是测量最经典的放样方法，也是一般工程放样常采用的方法。本方法测站架设灵活，适于流动性作业。

如图 10-4 所示，选取某控制点 O 为极点（测站点），其坐标为 O（x_0，y_0），与另一已知点 A 的连线构成的起始方向为极轴（零方向线），起始方位角为 α_{OA}，欲放样某点 P（x_P，y_P），极坐标法测量实质就是确定 OP 的矢量大小。相应的计算公式如式（10-1）～式（10-4）所示。

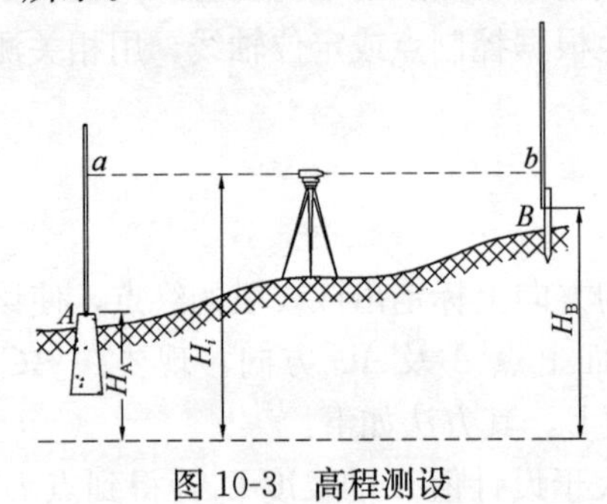

图 10-3　高程测设

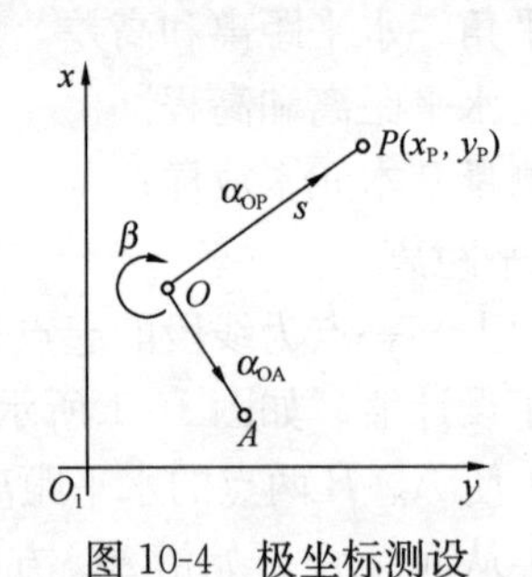

图 10-4　极坐标测设

$$S_{op} = |OP| = \sqrt{(x_P - x_0)^2 + (y_P - y_0)^2} \tag{10-1}$$

$$\alpha_{OP} = \arctan\frac{(y_P - y_0)}{(x_p - x_0)} \tag{10-2}$$

$$\alpha_{OA} = \arctan\frac{(y_A - y_0)}{(x_A - x_0)} \tag{10-3}$$

则放样角

$$\beta = \alpha_{OP} - \alpha_{OA}(+360°) \tag{10-4}$$

若 $\beta<0°$，则计算值需加上 360°。

测设时，在点 O 安置经纬仪，正镜（盘左）以 0°0′0″瞄准点 A，顺时针转动 β 角，在 OP 方向上量取水平距离 s_{OP}，定出点 P，倒镜（盘右）按同法再定点 P，若两点不重合，取其平均点位即可。这种方法需要两个已知点 O、A 互相通视。

2）直角坐标法

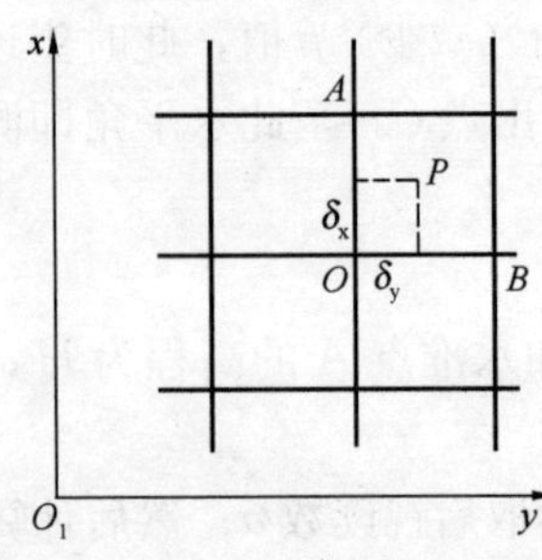

图 10-5　直角坐标测设

如图 10-5 所示，xO_1y 坐标系为以建筑主轴线为准设定的相对坐标系，若放样点 P 的设计坐标为 P（x_P，y_P），选择离点 P 最近的方格顶点 O（x_0，y_0）进行放样，放样前先求出放样元素 δ_x、δ_y，如式（10-5）和式（10-6）所示。

$$\delta_x = x_P - x_0 \tag{10-5}$$

$$\delta_y = y_P - y_0 \tag{10-6}$$

测设时，在点 O 安置经纬仪，A、B 为建筑方格顶点上的两个已知点，瞄准点 A（或点 B），沿视线 OA（或 OB）方向丈

量纵距 δ_x（或横距 δ_y），定出点 C，将仪器移至点 C，安置仪器后瞄准点 A（或点 B）或通过点 O 且距离较远的点，正、倒镜测设 90°角，沿直角的平均方向丈量横距 δ_y（或纵距 δ_x），即得点 P 在场地的平面位置。本方法使用简单，仪器要求不高，但须地势平坦、便于量距，适应于大型建筑场地施工放样。

3）角度（方向线）交会法

如图 10-6 所示，在已知控制点 A、B 上，用经纬仪分别放样由计算得到的 α、β 角对应的方向线 AP、BP，两条方向线的交会处即为欲放样桥墩中心点 P。此处点 P 设计坐标为（X_P，Y_P），已知点 A、B 坐标分别为（x_A，y_A），（x_B，y_B）。这里，放样参数（α，β）为两交向边与已知边的夹角，可根据放样精度的需要取最小单位。

α、β 角按式（10-7）计算：

$$\begin{cases}\alpha = \arctan\dfrac{y_B - y_A}{x_B - x_A} - \arctan\dfrac{y_P - y_A}{x_P - x_A}(\pm 360°)\\ \beta = \arctan\dfrac{y_P - y_B}{x_P - x_B} - \arctan\dfrac{y_A - y_B}{x_A - x_B}(\pm 360°)\end{cases} \tag{10-7}$$

放样时，分别在 A、B 两个点架设经纬仪，盘左时 A、B 两点经纬仪互相瞄准，并各配置水平度盘读数为 0°00′00″，在点 A 顺时针拨 $360°-\alpha$ 角大小，在点 B 顺时针拨 β 角大小，两个视线交会处即为放样点 P 的实际位置。方向线交会放样适于大型工程尤其是桥梁工程中桥墩中心的放样。注意理解角度交会误差原理。

4）距离交会法

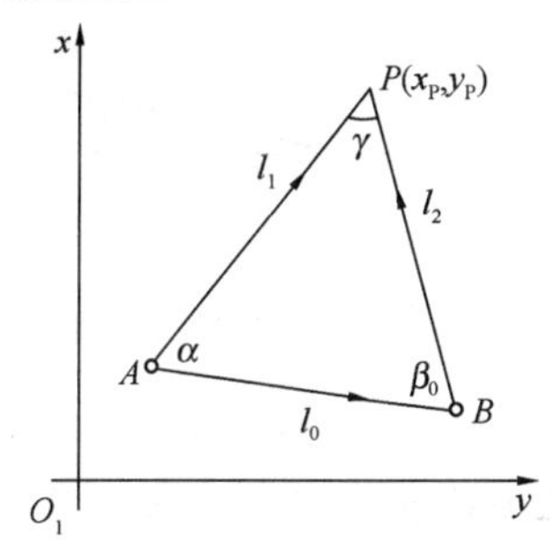

图 10-6　角度交会

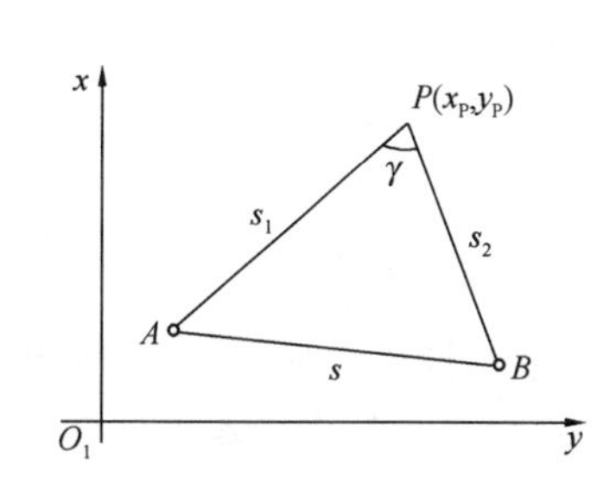

图 10-7　距离交会

如图 10-7 所示，设放样点的设计坐标为（x_P，y_P），场地已做好的轴线控制点 A、B 坐标分别为（x_A，y_A），（x_B，y_B）。利用下式，可以求算点 P 的放样参数（s_1，s_2）。

$$s_1 = (x_P - x_A)^2 + (y_P - y_A)^2 \tag{10-8}$$

$$s_2 = (x_P - x_B)^2 + (y_P - y_B)^2 \tag{10-9}$$

式中　s_1、s_2——轴线控制点上两已知点至放样点的水平距离。

放样时，分别以 A、B 两个点为圆心，s_1、s_2 长为半径，在点 P 估计位置附近画圆弧，两圆弧交会处即为放样点 P 的位置。适于建筑场地平整，量距短且无障碍时的情况（最好在一个整尺段内）。

注意理解距离交会误差原理。

（4）线坡度放样方法

如图 10-8 所示，A、B 为设计坡度两端点，若已知点 A 设计高程为 H_A，设计坡度为 $i_{AB}=-1\%$，则可以获得点 B 的设计高程 $H_B=H_A-i_{AB}D_{AB}=H_A-0.01D_{AB}$

从点 A 沿 AB 方向测设出一条坡度为 i_{AB} 坡度线，测设方法可用水准仪设置倾斜视线，另外为施工方便，每隔一定距离 d 打一木桩，步骤如下：

1）首先将坡度线两端点 A、B 的设计高程测设到地面，并打木桩。用高程测设方法测设出点 B。

2）在点 A 安置水准仪并量仪器高 i，安置时使一个脚螺旋在 AB 方向线上，另两个脚螺旋的连线大致垂直于 AB。

3）瞄准点 B 上的水准尺，旋转 AB 方向上的脚螺旋和微倾螺旋，使视线倾斜至水准尺读数为仪器高 i 为止，此时，仪器视线与设计坡度已平行。

在中间各桩点 1、2、3 处打木桩，保证在桩顶上所立水准尺的读数均等于仪器高 i，则各桩顶的连线就是测设在地面上的设计坡度线。

若各桩顶上所立水准尺实际读数为 b_i，则各桩的填挖尺数 $\Delta=i-b_i$

当 $\Delta=0$ 时，桩位附近不填不挖，当 $\Delta>0$ 时，桩位附近挖，反之为填。

（5）圆曲线放样：主点（起、中、终点）测设；细部测设。

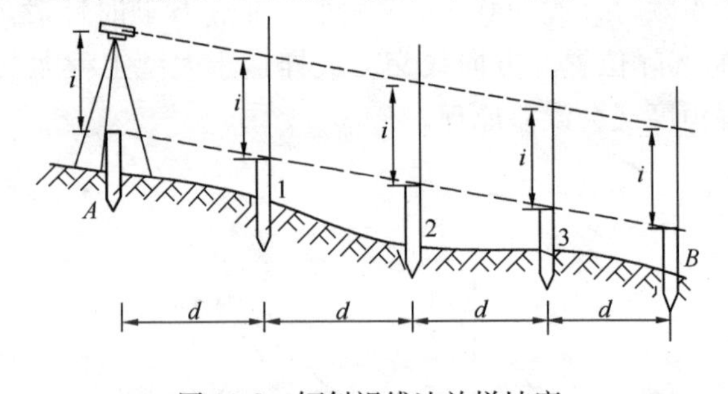

图 10-8　倾斜视线法放样坡度

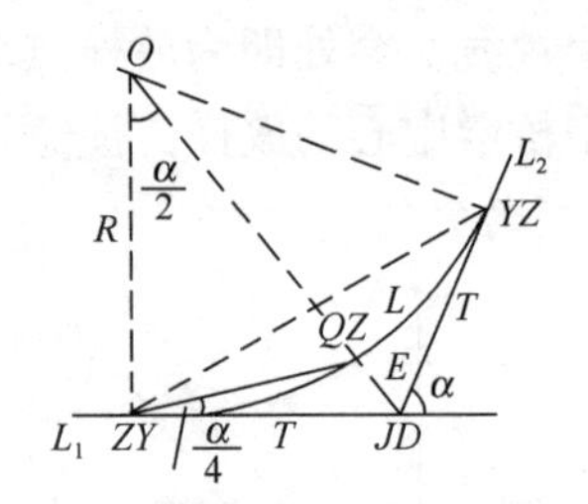

图 10-9　圆曲线主点及要素

1）圆曲线要素计算：如图 10-9 所示，JD 为道路中线 L_1、L_2 的交点（拐点），两中线夹角 α 称为转向角，转向角有左转和右转之分，本例中为左转。为保证车辆从 L_1 平稳过渡到 L_2，在其间适当插入一段半径为 R，长为 L 的圆弧，该圆弧与两中线相切，切点分别是 ZY（直圆）、YZ（圆直），圆弧中点称 QZ（取中），ZY、YZ、QZ 称圆曲线三主点，图中 T 为曲线切线长，JD 到 QZ 距离 E 称外矢距，q 为切曲差。L、T、E、q 称圆曲线四要素如式（10-10）所示。

$$\begin{cases} T=R\tan\dfrac{\alpha}{2} \\ L=R\alpha\dfrac{\pi}{180} \\ E=R(\sec\dfrac{\alpha}{2}-1) \\ q=2T-L \end{cases} \tag{10-10}$$

2）主点里程计算：在线路测量中，沿线路中线自起点开始丈量距离，每隔一定距离（如 20m），测设一点，钉立木桩，桩上注明里程，这些桩称整桩，桩编号为 0+020，0+040 等，这里“+”表示以公里为单位的小数，而在地面坡度变化较大或沿线有重要地物的地方增钉加桩，如 1+026.7，整桩和加桩均称里程桩，而圆曲线主点里程桩推算如式（10-11）和式（10-12）所示：

$$\begin{cases} ZY = JD - L \\ YZ = ZY + L \\ QZ = YZ - \dfrac{L}{2} \end{cases} \tag{10-11}$$

校核

$$JD = YZ - T + q \tag{10-12}$$

3）主点测设，如图 10-10 所示，$\angle \overline{YZZYJD} = \frac{\alpha}{2}$，$\angle \overline{QZZYJD} = \frac{\alpha}{4}$。

一般测设步骤是在 JD 架设经纬仪，后视瞄准中线方向，在此方向量出 T，打桩定出点 ZY，经纬仪水平度盘顺拨 $180° - \alpha$，在此方向上量取 T，打桩定出点 YZ，再反拨 $90° - \frac{\alpha}{2}$，在此方向上量取 E，打桩，即得点 QZ，至此，三个主点都已确定。

（6）圆曲线细部测设：偏角法，直角坐标系法。

1）偏角法

偏角法为极坐标定点法，极点 ZY，极轴为 $ZYJD$，如图 10-11 所示。取一定弧长间隔 l 放样，计算公式如式（10-13）所示

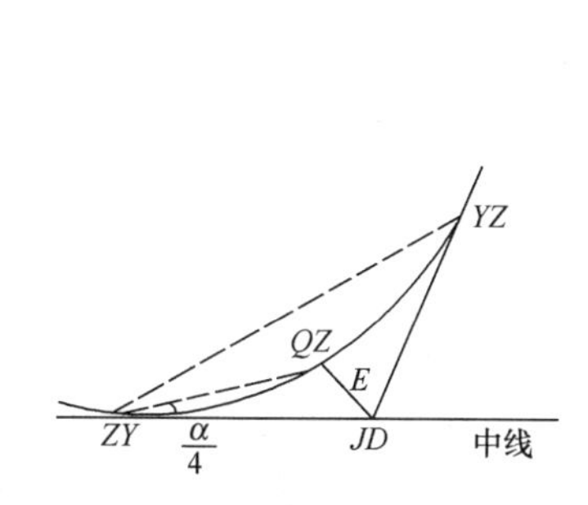

图 10-10　曲线主点测设

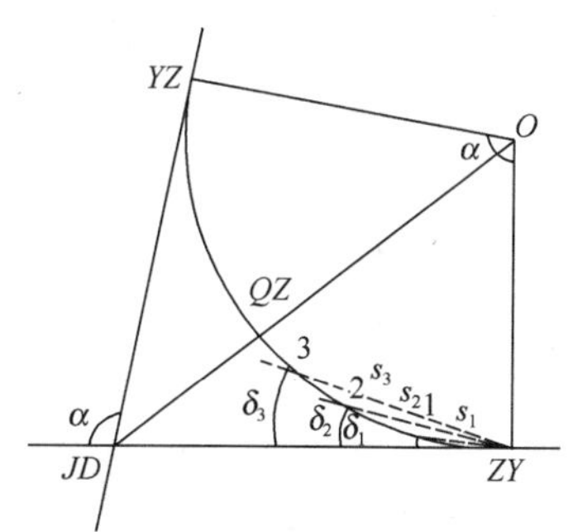

图 10-11　偏角法测设圆曲线

$$\delta = \frac{\varphi}{2} = \frac{l}{2R}\frac{180}{\pi} \tag{10-13}$$

对于放样第一点，由于里程桩凑整原因设以 ZY 到第一个整桩距离为 l_A，$\delta_A = \frac{l_A}{2R}\frac{180}{\pi}$，因此各点偏角计算公式如式（10-14）所示

$$\delta_i = \delta_A + (i-1)\delta \tag{10-14}$$

而由点 ZY 至各放样点水平距离如式（10-15）所示

$$s_i = 2R\sin\delta_i \tag{10-15}$$

如弦弧差 Δ_i 较小，可近似用弧长代替弦长，如式（10-16）所示

$$\Delta_i = l_i - s_i = \frac{l_i^3}{24R^2} \tag{10-16}$$

测设步骤：

① 计算测设数据。

② 点位测设：在 ZY 处分别正拨角 δ_i，并依次量 s_i，测设到 QZ 处，再把仪器搬至 YZ 处，反拨角，用同样方法放出另一半弧长。如按拨角配合分段弦线交出，可在一测站如点 ZY 一次完成。

③ 检查。

2）直角坐标法

直角坐标法测设圆曲线如图 10-12 所示，以 ZY 为坐标原点 O，建立测量坐标系，JD 方向为 x 轴，圆心方向为 y 轴，则曲线上任一点 i 的坐标，如式（10-17）和式（10-18）所示。

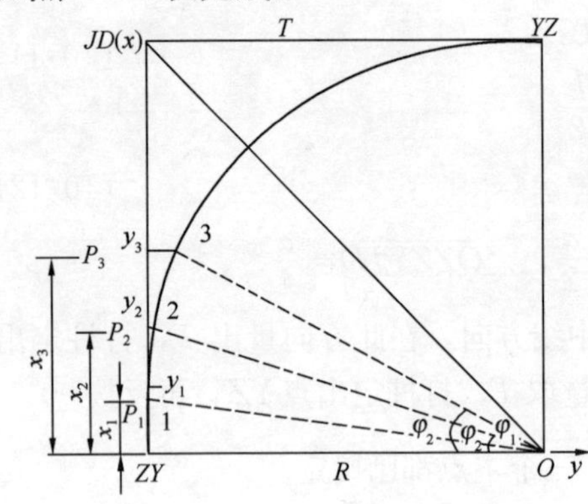

图 10-12　直角坐标法测设圆曲线

$$\begin{cases} x_i = R\sin\varphi_i \\ y_i = R(1-\cos\varphi_i) \end{cases} \tag{10-17}$$

$$\varphi_i = \frac{l_i}{R}\frac{180}{\pi} \tag{10-18}$$

列表计算，l_i 为 ZY 到放样点的弧长。

如以 $\varphi_i = \dfrac{l_i}{R}$ 代入式（10-12）中，并按级数展开得圆曲线参数方程（参数变量为 l_i），如式（10-19）所示。

$$\begin{cases} x_i = l_i - \dfrac{l_i^3}{6R^2} + \dfrac{l_i^5}{120R^4}(\approx l_i, \text{when} R \gg l_i) \\ y_i = \dfrac{l_i^2}{2R} - \dfrac{l_i^4}{24R^3} + \dfrac{l_i^6}{720R^5}(\approx \dfrac{l_i^2}{2R}, \text{when} R \gg l_i) \end{cases} \tag{10-19}$$

实施测量步骤如下：

① JD 方向用钢尺量 x_i 得 P_i；

② 用方向架或经纬仪在点 P_i 处定出 x_i 垂直方向并量 y_i；

③ 检核 QZ 至最近桩距离，误差在限差之内方合格。一般用此法放样要从 ZY、YZ 两方向向 QZ 施测。

此法适于平坦区，可不用仪器，测点误差不累积。

（7）全站仪放样步骤：

1）选择放样坐标数据文件。

2）设置测试点。

3）设置后视点，确定方位角。

4）输入所需的放样坐标，开始放样。

10.2　例题解析

10.2.1　名词解释

（1）水平距离测设：以地面上某一点为线段的起点，在给定的方向上标定出该线段的终点，使该线段的水平距离等于设计值。

（2）水平角测设：已知角的顶点和一个方向，在地面上标定出另一方向，使其与已知方向间的水平夹角等于设计值。

（3）放样：又称测设，是建筑工程测量最主要的工作之一，它是把设计图纸上建筑物的平面位置和高程，与控制点或定位轴线点的平面位置和高程，换算为它们之间的水平角、水平距离和高差，然后到实地根据控制点或定位轴线，用相关测量仪器放样水平角、水平距离和高程。

（4）极坐标法：就是通过测设一个水平角和一段水平距离来完成点平面位置测设。

10.2.2 简答题

（1）施工放样的基本工作是什么？放样点的平面位置的方法有哪几种？

施工放样的基本工作是放样已知水平距、放样已知的水平角和放样已知高程。

放样点的平面位置的方法有极坐标法、直角坐标法、角度交会法和距离交会法。

（2）圆曲线测设的任务是什么？

1）主点测设：将圆曲线起点（ZY），中点（QZ）和终点（YZ）放样在实地。

2）辅点测设：在实地圆曲线上每隔一定弧长钉一桩，以详细标定曲线位置。

（3）基本的测设工作有哪些？总的来说，精密的测设方法与一般测设方法间的区别是什么？

基本的测设工作有已知水平距离的测设、已知水平角的测设、已知高程的测设、已知平面位置（坐标）的测设。

精密的测设方法是在一般测设方法的基础上，再重新精确测定该放样点的位置，根据精确测定的位置与设计位置的差值来计算该点位的偏移量，最后将该点位改正到正确位置上。

（4）对于某一工程的施工放样而言，你认为选择放样方法应从哪些方面来考虑？

答：对于某一工程的施工放样而言，选择放样方法应从以下几方面来考虑：

1）工程的精度要求；

2）已有的仪器设备；

3）施工现场条件；

4）放样程序（直接从控制点放样还是利用几何关系放样）；

5）已有的技术水平。

（5）绘图说明采用极坐标法放样点的平面位置的原理与过程？

答：放样原理

极坐标法放样是利用数学中的极坐标原理，以两个控制点的连线作为极轴（如下图的 A、B 两点连线），以其中一点作为极点（如图 10-13 的 A 点）建立极坐标系，根据放样点与控制点的坐标，计算出放样点到极点的距离（极距）及该放样点与极点连线方向和极轴间的夹角（极角），他们称为所求放样数据。

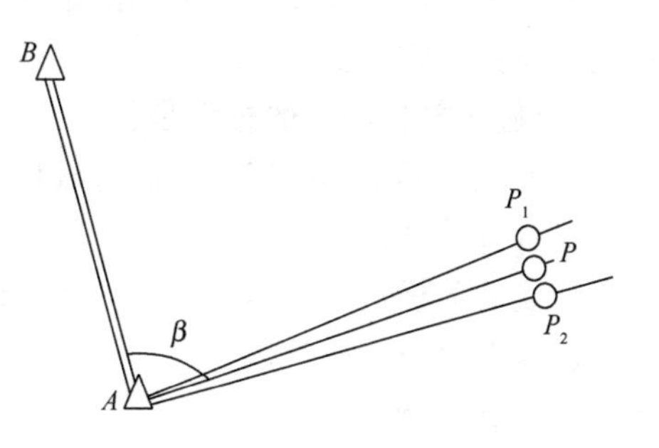

图 10-13 题（5）图

放样过程：

设 A、B 是已知的控制点，AB 的坐标方位角也已知。现要求放样坐标为 x_2，y_2 的 P 点的平面位置。

第一步：计算放样数据。

先根据 B、P 点的坐标与 A 点的坐标用公式

$$\alpha_{AB}=\arctan\frac{y_B-y_A}{x_B-x_A}$$

$$\alpha_{AP}=\arctan\frac{y_2-y_A}{x_2-x_A}$$

计算坐标方位角 α_{AB} 和 α_{AP}，从而求得指向角 β

$$\beta=\alpha_{AP}-\alpha_{AB}$$

然后按下式计算 A 与 P 点之间的距离 S

$$S=\frac{y_P-y_A}{\sin\alpha_{AP}}=\frac{x_2-x_A}{\cos\alpha_{AP}}$$

用两个式子计算的 S 相等，可以检核计算的正确性。

第二步：根据计算的放样数据，现场进行放样。

1）将经纬仪安置在 A 点，在盘左位置瞄准 B 点，度盘读数置零。

2）旋转照准部，使度盘读数在 β 附近，制动照准部。以水平微动螺旋微动照准部，使度盘读数精确为 β。

3）在视线方向上以距离 S（略大于 S）定出一点 P_1；

4）同法在盘右位置再定出一点 P_2；

5）取 P_1、P_2 的中点为 P；

6）从 A 点沿 AP 方向精确量出一段 S 的距离，得放样点的平面位置。

第三步：进行实地检查。

（6）什么叫放样（测设）？测定与测设有何区别？施工放样的一般过程是什么？

1）放样（测设）是将图纸上所设计的建筑物的位置、形状、大小与高低，在实地上标定出来，作为施工的依据的一项测量工作。

2）测定与测设的作业过程相反，前者是将已有的地物地貌按一定比例尺测绘到图纸上，供国民经济建设使用。虽然测定与测设可采用相同的仪器设备，但测量误差对测量结果的影响并不相同。

3）施工放样的一般过程是：

①研究放样工作的特点，制订放样方案；

②计算放样元素；

③实地放样；

④误差分析与检查。

10.2.3　计算题

（1）已知交点里程为 K3+182.76，转角 $\Delta R=25°48'$，圆曲线半径 $R=300$m，试计算曲线测设元素与主点里程。

【解析】 曲线测设元素

$$T=R\tan\frac{\alpha}{2}=68.709\text{m},\ L=R\alpha\frac{\pi}{180}=135.088\text{m},$$

$$E=R\sec\frac{\alpha}{2}-1=7.768\text{m},\ J=2T-L=2.33\text{m}$$

主点里程

$$ZY=3182.76-68.709=3114.051\text{m}=\text{K}3+114.051$$

$$QZ=3114.051+135.088/2=3181.595\text{m}=\text{K}3+181.595$$

$$YZ=3114.051+135.088=3249.139\text{m}=\text{K}3+249.139$$

（2）已知某交点 JD 的桩号 K5+119.99，右角为 136°24′，半径 $R=300$m，试计算圆曲线元素和主点里程，并且叙述圆曲线主点的测设步骤。

【解析】 据题意知

$$m=\pm\sqrt{\frac{20}{4-1}}=\pm 2.58\text{mm}$$

1）计算得，$R=300$m 的圆曲线元素得：$T=119.99$m。

2）主点里程：ZY 里程=K5+119.99=K5+000，

YZ 里程=K5+000+228.29=K5+228.29，

QZ 里程=K5+228.29−114.15=K5+114.14。

3）从交点 JD 向后导线推量 119.99m 得 ZY 点，从交点 JD 向前导线丈量 119.99m 得 YZ 点，从交点 JD 向分角线方向丈量得 QZ 点。

（3）试计算图 10-14 虚交点的曲线测设元素主点里程，并简述曲线主点测设的方法与步骤。

已知：$R=40$m，基线 $AB=25$m，$\angle B=30°$，$\angle A=45°$，A 点里程为 K2+364.70，$\sin 75°=0.965926$，$\text{tg}18.75°=0.339454$。

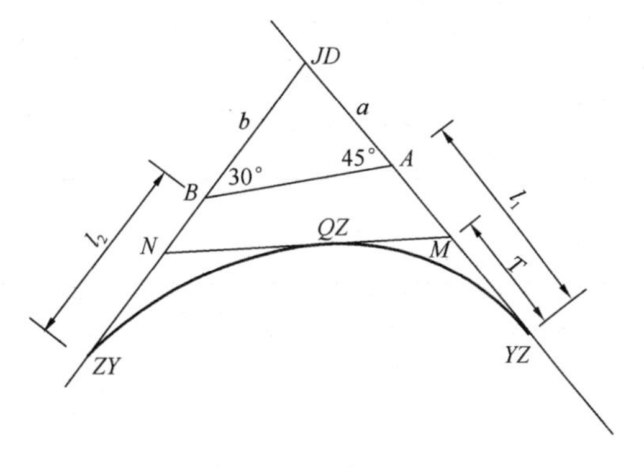

图 10-14 题（3）图

【解析】 根据图中标注计算如下：

$$a=\frac{\overline{AB}\sin 30°}{\sin 75°}=\frac{25\times 0.5}{0.965926}=12.94\text{m}$$

$$b=\frac{\overline{AB}\sin 45°}{\sin 75°}=\frac{25\times 0.707107}{0.965926}=18.30\text{m}$$

1）曲线元素：

$$T=R\cdot\text{tg}\frac{\alpha}{2}=40\times\text{tg}37.5°=30.69\text{m}$$

$$L=\frac{\pi\cdot R\cdot\alpha}{180°}=\frac{3.14159\times 40\times 75}{180}=52.36\text{m}$$

$$E=R\left(\frac{1}{\cos\frac{\alpha}{2}}-1\right)=40\times(1.26047-1)=10.42\text{m}$$

$$D=2T-L=63.38-52.36=9.02\text{m}$$

2）主点里程：

$$t_1=T-a=30.69-12.94=17.75\text{m}$$

$$t_1=T-b=30.69-18.30=12.39\text{m}$$

ZY 里程$=A$ 点里程$-t_1=$K2$+$364.70$-$17.75$=$K2$+$346.95

YZ 里程$=ZY$ 里程$+L=$K2$+$346.95$+$52.36$=$K2$+$399.31

QZ 里程$=YZ$ 里程$-L/2=$K2$+$399.31$-$26.18$=$K2$+$373.13

（校核：ZY 里程$=2T-D=$K2$+$399.31 即 YZ 里程）

3）主点的测设：

从 A 点沿后导线后退 $t_1=17.75$m，得 ZY 点

从 B 点沿前导线前进 $t_2=12.39$m，得 YZ 点

$$T'=R\mathrm{tg}\frac{\alpha}{4}=40\times0.339454=13.58\mathrm{m}$$

QZ 点测设：计算

分别从 ZY 点向 A 方向丈量 13.58m 得 M 点，从 YZ 点向 B 方向量 13.58m 得 N 点，连接 MN 取其中点，即 QZ 点。

（4）已知路线右角 β右$=147°15'$，当 $R=100$m 时，曲线元素如表。试求：1）路线的转向与转角；2）当 $R=50$m 和 $R=800$m 时的曲线元素；3）当 $R=800$m，JD 的里程为 K4$+$700.90 时圆曲线的主点桩号？

R	100（m）	50（m）	800（m）	R	100（m）	50（m）	800（m）
T	29.384			E	4.228		
L	57.160			D	1.608		

【解析】 据题意知

1）由于右侧角小于 180°，所以向右转，其转角 $a_{右}=180°-147°15'=32°45'$

2）当 $R=50$m 和 800m 的曲线元素见表。

R	100（m）	50（m）	800（m）	R	100（m）	50（m）	800（m）
T	29.384	14.692	235.07	E	4.228	2.114	33.82
L	57.160	28.580	457.28	D	1.608	0.804	12.86

3）

JD	K4$+$700.90
$-$）T	235.07
ZY	K4$+$465.83
$+$）L	457.28
YZ	K4$+$923.11
$-$）$L/2$	228.64
QZ	K4$+$694.47

检核：

QZ	K4$+$694.47
$+D/2$）	6.43
	K4$+$700.90

（5）如图 10-15 所示，某圆曲线 $R=50$m，主点桩号为 ZY：K2$+$427；QZ：K2$+$

459；YZ：K2＋491，试求：若桩距为10m，用偏角法按整桩号法测设圆曲线的测设数据，并填写在表中（表中是已知数据）。

曲线长	1	2	3	4	5
偏角	34′23″	1°08′45″	1°43′08″	2°17′31″	2°51′53″

曲线长	6	7	8	9	10	20
偏角	3°26′16″	4°00′39″	4°35′01″	5°09′24″	5°43′46″	11°27′33″

偏角计算表

桩号		弧长（m）	弦长（m）	偏角（°′″）	总偏角（°′″）
ZY	K2＋427			0 00 00	0 00 00
		3	3		
$P1$	＋430			1 43 08	1 43 08
		10	9.983		
$P2$	＋440			5 43 46	7 26 54
		10	9.983		
$P3$	＋450			5 43 46	13 10 40
		9	8.988		
QZ	K2＋459			5 09 24	18 20 04
		1	1		
$P4$	＋460			0 34 23	18 54 27
		10	9.983		
$P5$	＋470			5 43 46	24 38 13
		10	9.983		
$P6$	＋480			5 43 46	30 21 59
		10	9.983		
$P7$	＋490			5 43 46	36 05 45
		1	1		
YZ	K2＋491			0 34 23	36 40 08

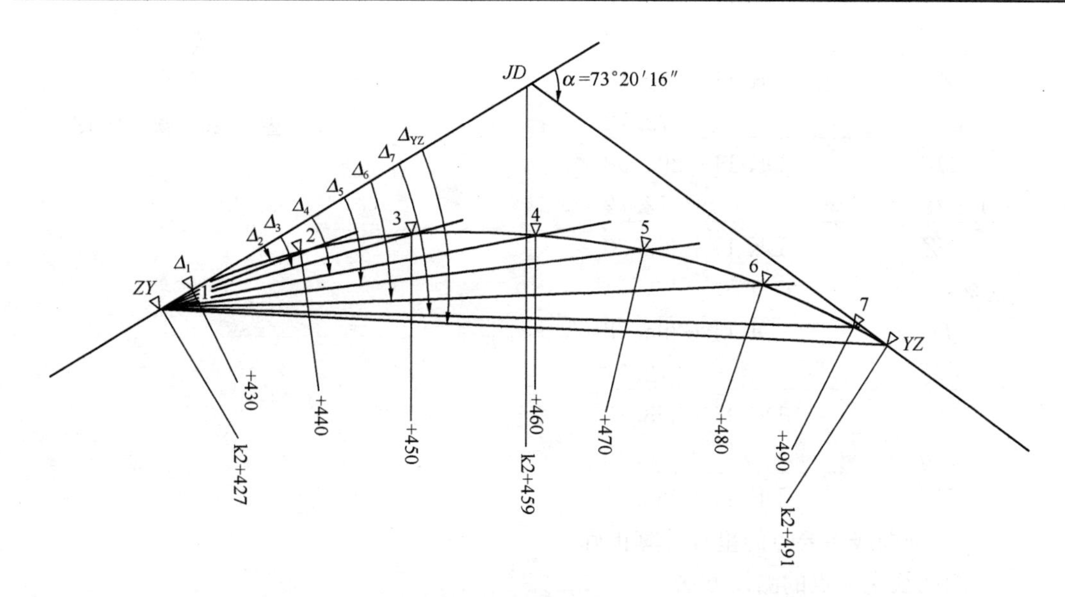

图10-15　题（5）图

（6）已知一圆曲线的设计半径R＝800m，线路转折角α＝10°25′，交点JD的里程为DK11＋295.78。试完成以下工作：

1）计算该圆曲线的其他要素；

2）计算该圆曲线主要点的里程；

3）圆曲线主要点的测设方法。

【解析】

1）该圆曲线的其他要素为

①切线长 T

$$T=R\times \mathrm{tg}\frac{\alpha}{2}=800\times \mathrm{tg}\frac{10°25'}{2}=72.923\mathrm{m}\approx 72.92\mathrm{m}$$

②曲线长 L

$$L=\frac{\pi}{180°}\times\alpha\times R$$
$$=\frac{3.1415926}{180°}\times 10°25'\times 800=145.444\mathrm{m}\approx 145.44\mathrm{m}$$

③外矢距 E

$$E=R\times\sec\frac{\alpha}{2}-R=800\times\left(\sec\frac{10°25'}{2}-1\right)=3.317\mathrm{m}\approx 3.32\mathrm{m}$$

④切曲差 q

$$q=2T-L=2\times 72.92-145.44=0.40\mathrm{m}$$

2）该圆曲线主要点的里程

如图 10-16 所示，该圆曲线的主要点有 ZY（直圆点）、QZ（曲中点）和 YZ（圆直点）等三点，其里程可自交点 JD 的里程计算而得：

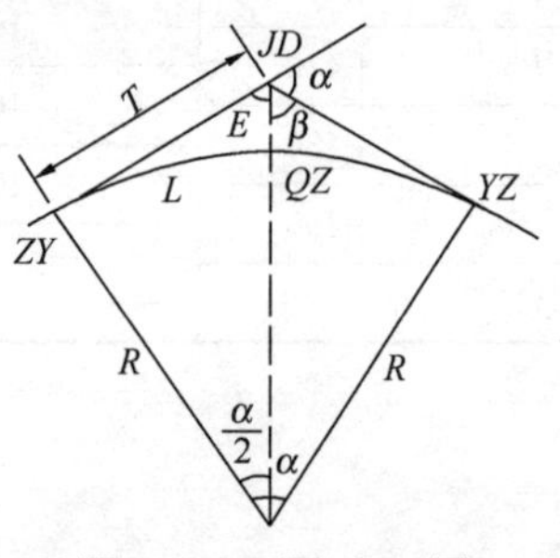

图 10-16　题（6）图

JD　　DK 11+295.78

一）T　　72.92

ZY　　DK 11+222.86

+）$L/2$　　72.72

QZ　　DK 11+295.58

+）$L/2$　　72.72

YZ　　DK 11+368.30

检核：

JD　　DK11+295.78

+）T　　72.92

DK 11+368.70

一）q　　0.40

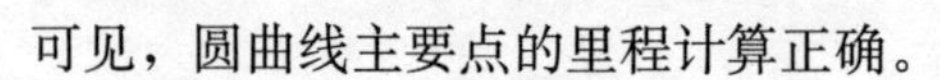

YZ　　DK 11+368.30

可见，圆曲线主要点的里程计算正确。

3）圆曲线主要点的测设方法

①将经纬仪置于交点 JD 上，分别以线路方向定向，自 JD 点起沿两切线分别量起切线长 T=72.92m，得 ZY 点和 YZ 点。

②在交点 JD 上，后视 ZY 点，拨指向角$\frac{180°-\alpha}{2}=84°47'30''$，得分角线方向，沿此方向自 JD 点量取外矢距 $E=3.32\text{m}$，得曲中点 QZ。

③检查：在主要点测设好后，可用偏角法检查所测设的主点是否正确。曲线一端（如 ZY 点）对另一端（如 YZ 点）的偏角应为转向角 α 的一半，即为 $5°12'30''$；曲线一端（如 ZY 点）对曲线中点（QZ 点）的偏角应为转向角 α 的四分之一，即为 $2°36'15''$。

（7）某一有缓和曲线的圆曲线，如图 10-17 所示，圆曲线的半径 $R=600\text{m}$，缓和曲线的长度为 110m，线路的偏角为 $\alpha_{右}=48°23'$，交点 JD 的里程为 DK 162+028.77。

1）试写出该曲线其他要素的计算公式，并计算结果。

2）计算该曲线主要点的里程。

【解析】

1）该曲线其他要素的计算

①计算加入缓和曲线后使切线增加的距离 m

$$m=\frac{l_0^2}{2}-\frac{l_0^3}{240R^2}=\frac{110^2}{2}-\frac{110^3}{240\times600^2}=54.98\text{m}$$

②计算加入缓和曲线后圆曲线相对于缓和曲线的内移量 p

$$p=\frac{l_0^2}{24R}=\frac{110^2}{24\times600}=0.84\text{m}$$

③计算缓和曲线的角度 β_0

$$\beta_0=\frac{l_0}{2R}\rho=\frac{110}{2\times600}\times206265''=5°15'07''$$

④计算切线长 T

$$T=m+(R+p)\times\text{tg}\frac{\alpha}{2}=324.91\text{m}$$

⑤计算曲线长 L

$$L=\frac{\pi R(\alpha-2\beta_0)}{180°}+2l_0=616.67\text{m}$$

⑥计算外矢距 E

$$E=(R+p)\sec\frac{\alpha}{2}-R=58.68\text{m}$$

⑦计算切曲差 q

$$q=2T-L=33.15\text{m}$$

2）计算该曲线主要点的里程

如图 10-17 所示，该曲线的主要点有 ZH（直缓点）、HY（缓圆点）、QZ（曲中点）、YH（圆缓点）和 HZ（缓直点）等五点，其里程可自交点 JD 的里程计算而得：

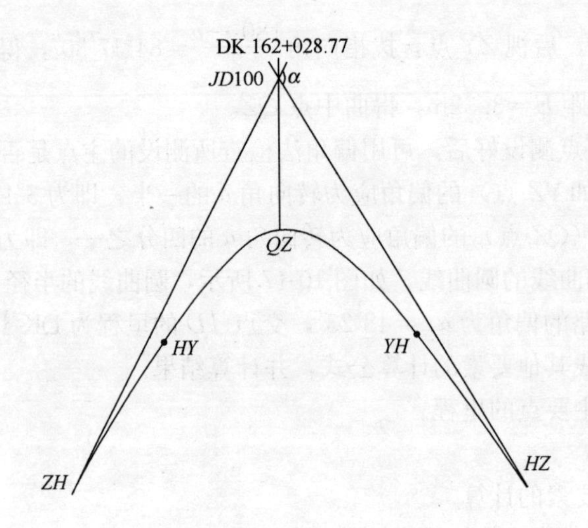

图 10-17 题（7）图

$JD100$	DK 162+028.77
－）T	324.91
ZH	DK 161+703.86
＋）l_0	110.00
HY	DK 161+813.86

ZH	DK 161+703.86
＋）$L/2$	308.34
QZ	DK 162+012.20
＋）$L/2$	308.33
HZ	DK 162+320.53
－）l_0	110.00
YH	DK162+210.53

检核：

$JD100$	DK 162+028.77
＋）T	324.91
	DK 162+353.68
－）q	33.14
HZ	DK 162+320.54

可见，曲线主要点的里程计算正确。

（8）某一Ⅰ级铁路，其某一路段相邻坡度为＋5‰及－5‰，变坡点的里程为 DK217＋940，高程为 458.69m。该路段以半径为 10km 的凸形竖曲线连接。试完成下述内容：

1）计算曲线要素；

2）要求在曲线上每隔 10m 设置一曲线点，试计算自 QD 至 QZ 的这半段曲线的设计高程。

3）竖曲线细部点放样的基本方法如何？

【解析】

1）计算曲线要素

①曲折角 α

$$\alpha = \Delta i = 0.005 - (-0.005) = 0.010$$

②切线长 T

$$T = \frac{R}{2} \cdot \Delta i = 5000 \times 0.010 = 50\text{m}$$

③曲线长 L

$$L = 2T = 100\text{m}$$

④外矢距 E

$$E = \frac{T^2}{2R} = 0.125\text{m}$$

2）计算自 QD 至 QZ 的这半段曲线的设计高程

曲线上某一点的设计高程可由坡度线上该点的高程和该点的高差（坡度线上的点与其对应的曲线上的点的高程之差）计算而得。

①计算 QD 的高程 H_0

$$H_0 = H_{JD} - i \times T = 458.69 - 5‰ \times 50 = 458.44\text{m}$$

②曲线上细部点的设计高程 H_i

$$H_i = (H_0 + i \times x_i) - (x_i)^2/(2R)$$

式中 i——QD 至 QZ 的坡度线的坡度；

x_i——细部点到 QD 的距离。

将数据代入上式，可得细部点的设计高程 H_i（计算结果保留到 cm 位）

QD 的高程：$H_0 = 458.44\text{m}$

第 1 个细部点高程：$H_1 = (H_0 + i \times x_1) - (x_1)^2/(2R)$

$= (458.44 + 5‰ \times 10) - (10)^2/(2 \times 10000)$

$= 458.49 - 0.005 = 458.49\text{m}$

同理得

第 2 个细部点高程：$H_2 = (H_0 + i \times x_2) - (x_2)^2/(2R)$

$= (458.44 + 5‰ \times 20) - (20)^2/(2 \times 10000)$

$= 458.54 - 0.02 = 458.52\text{m}$

第 3 个细部点高程：$H_3 = (H_0 + i \times x_3) - (x_3)^2/(2R)$

$= (458.44 + 5‰ \times 30) - (30)^2/(2 \times 10000)$

$= 458.59 - 0.04 = 458.55\text{m}$

第 4 个细部点高程：$H_4 = (H_0 + i \times x_4) - (x_4)^2/(2R)$

$= (458.44 + 5‰ \times 40) - (40)^2/(2 \times 10000)$

$= 458.64 - 0.08 = 458.56\text{m}$

第 5 个细部点高程：$H_5=(H_0+i\times x_5)-(x_5)^2/(2R)$

（QZ 点） $=(458.44+5‰\times 50)-(50)^2/(2\times 10000)$

$=458.69-0.125=458.57\text{m}$

3）竖曲线细部点放样的基本方法

①平面位置：根据已有整桩（如 QD 点）为依据，通过丈量平距确定；

②高程位置：根据已有的水准点放样设计高程。

（9）在某施工现场有一临时水准点 A，其高程为 $H_A=57.258\text{m}$。B 点的平面位置已在现场用一定方法进行了标定，其设计高程为 $H_B=57.142\text{m}$。

1）试述测设 B 点设计高程位置的方法。

2）影响 B 点设计高程位置的主要误差来源有哪些？

【解析】

1）测设 B 点设计高程位置的方法

①在 A、B 点间安置水准仪，瞄准 A 点上标尺，读取后视读数 a（假设 $a=1.584\text{m}$）。

②计算 B 点上前视的理论读数 b

$\because H_B=H_A+(a-b)$

$\therefore b=(H_A+a)-H_B=(57.258+1.584)-57.142=58.842-57.142=1.7\text{m}$

③标定 B 点设计高程位置：

将水准尺置于 B 点的标志顶面上，水准仪读得前视的实际读数 b'。计算实际读数 b' 和理论读数 b 的差值：

$$\Delta b=b'-b$$

当 $\Delta b>0$ 时，B 点的设计高程位置在 B 点标志顶面上方 Δb 处；当 $\Delta b<0$ 时，B 点的设计高程位置在 B 点标志顶面下方 Δb 处；当 $\Delta b=0$ 时，B 点的设计高程位置正好在 B 点标志顶面上。将 Δb 值告诉施工人员，按此施工即可。

④检核：实测 A、B 两点高差。

2）影响 B 点设计高程位置的主要误差来源有

①标尺倾斜误差；

②读数误差；

③施工时量取 Δb 的误差。

（10）如图 10-18 所示，已知 A 点的高程为 104.710m，AB 两点的距离为 110m，B 点的地面高程为 105.510m，已知安置于 A 点，仪器高为 1.140m，今欲设置＋8‰的倾斜视线，试求视线在 B 点尺上应截切的读数。

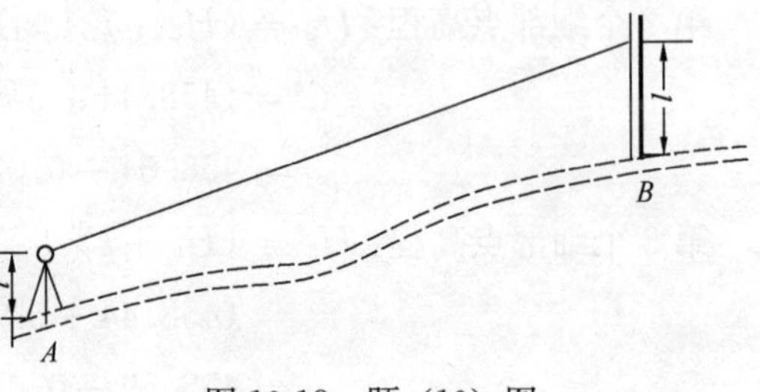

图 10-18 题（10）图

【解析】 根据三角高程测量原理，有：

$$H_B=H_A+i-l+D_{AB}\times 8/1000 \quad (1)$$

则

$$l = H_A + i - H_B + D_{AB} \times 8/1000 \quad (2)$$

将已知数据代入上式得

$$l = H_A + i - H_B + D_{AB} \times 8/1000 = 104.710 + 1.14 - 105.510 + 110 \times 8/1000 = 1.22\text{m}$$

即视线在 B 点尺上截切的读数为 1.22m。

10.3 思考练习

(1) 求图 10-19 所示的中平测量记录表中的中桩点的高程。

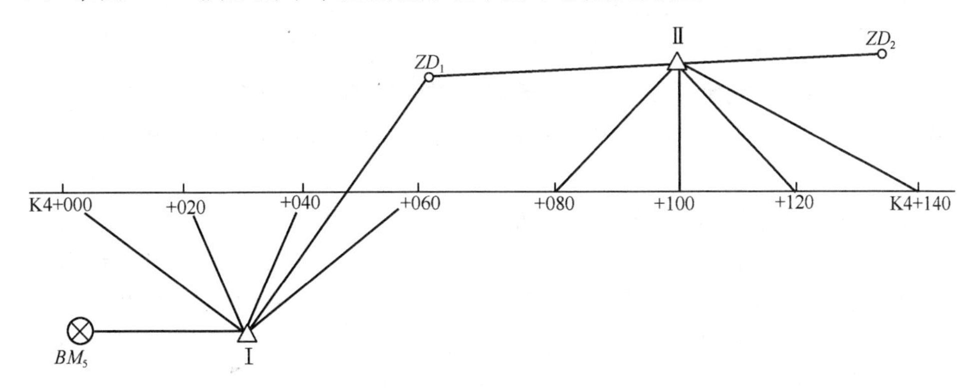

图 10-19 题 (1) 图

立尺点	水准尺读数			视线高(m)	高程(m)
	后视	中视	前视		
BM_5	2.047				101.293
K4+000		1.82			
+020		1.67			
+040		1.91			
+060		1.56			
ZD_1	1.734		1.012		
+080		1.43			
+010		1.77			
+120		1.59			
K4+140		1.78			
ZD_2			1.650		

(2) 从地形图上量得 A、B 两点得坐标和高程如下：

$$x_A = 1237.52\text{m},\ y_A = 976.03\text{m},\ H_A = 163.574\text{m}$$
$$x_B = 1176.02\text{m},\ y_B = 1017.35\text{m},\ H_B = 159.634\text{m}$$

试求：1）AB 水平距离；2）AB 边的坐标方位角；3）AB 直线坡度。

（3）某公路的三个交点坐标见表，$JD12$ 的圆曲线半径取 600m，缓和曲线长 $L_s=150$m，试计算该弯道曲线的切线长和曲线长。

交点序号	桩　号	X（m）	Y（m）
$JD11$	K15+508.38	40 485.200	111 275.000
$JD12$	K16+383.79	40 728.000	110 516.000
$JD13$	K16+862.65	40 519.000	110 045.000

（4）已知某钢尺的尺长方程式为：

$$l=30-0.0035+1.2\times10^{-5}\times30(t-20℃)(\mathrm{m})$$

用它测设 22.500m 的水平距离 AB。若测设时温度为 25℃，施测时所用拉力与检定钢尺时拉力相同，测得 A、B 两桩点的高差 $h=-0.60$m，计算测设时地央上需要量出的长度。

（5）设用一般方法测设出 $\angle ABC$ 后，精确地测得 $\angle ABC$ 为 45°00′24″（设计值为 45°00′24″），BC 长度为 120m，问怎样移动 C 点才能使 $\angle ABC$ 等于设计值？请绘略图表示。

（6）已知水准点 A 的高程 $H_A=20.355$m，若在 B 点处墙面上测设出高程分别为 21.000m 和 23.000m 的位置，设在 A、B 中间安置水准仪，后视 A 点水准尺得读数 $\alpha=1.452$m，问怎样测设才能在 B 处墙上得到设计标高？请绘一略图表示。

（7）如图 10-20 所示，已知地面水准点 A 的高程为 $H_A=4000$m，若在基坑内 B 点测设 $H_B=30.000$m，测设时 $\alpha=1.415$m，$b=11.365$m，$\alpha_1=1.205$，问当 b_1 为多少时，其尺底即为设计高程 H_B？

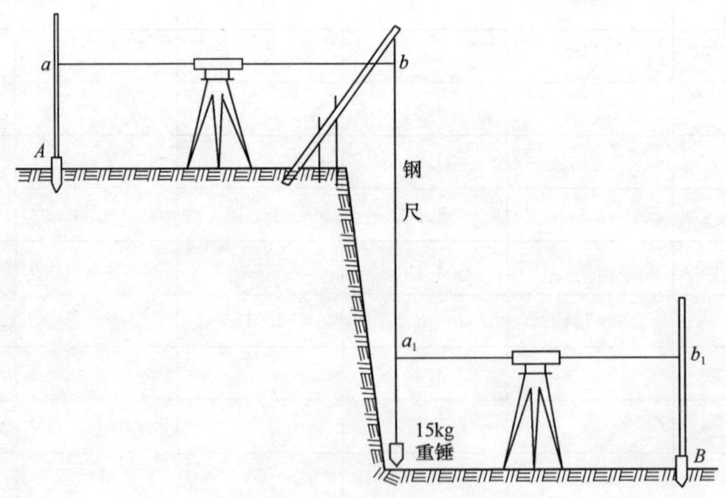

图 10-20　题（7）图

（8）设地面上 A 点高程已知为 $H_A=32.785$m，现要从 A 点沿 AB 方向修筑一条坡度为−2%道路，AB 的水平距离为 120m，每隔 20m 打一中间点桩。试述用经纬仪测设 AB 坡度线的做法，并绘一草图表示。若用水准仪测设坡度线，做法有何不同？

（9）设在一线路上，在里程桩 11+295.78 处转角（左角）$\alpha=1025$，圆曲线半径 $R=800$m，试计算圆曲线形的测设数据，叙述测设步骤，并绘图表示（曲线上每隔 20m 测设一点，用偏角法测设）。

（10）假设一字形的建筑基线 $A'B'C'$ 三点已测设于地面，经检查 $A'B'C'=179°59'42''$，已知 $A'B'=200$m，$B'C'=120$m，试求各点移动量值，并绘图说明如何改正使三点成一直线。

（11）写出施工坐标与测图坐标相互换算的公式。如图 10-21 所示，已知施工坐标系原点 O' 的测图坐标为：$x'_0=1000.000$m，$y'_0=900.000$m，两坐标纵轴之间的夹角 $\alpha=22°0'00''$，控制点 A 在测图坐标为 $x=2112.000$m，$y=2609.000$m，试计算 A 点的施工坐标 x' 和 y'。

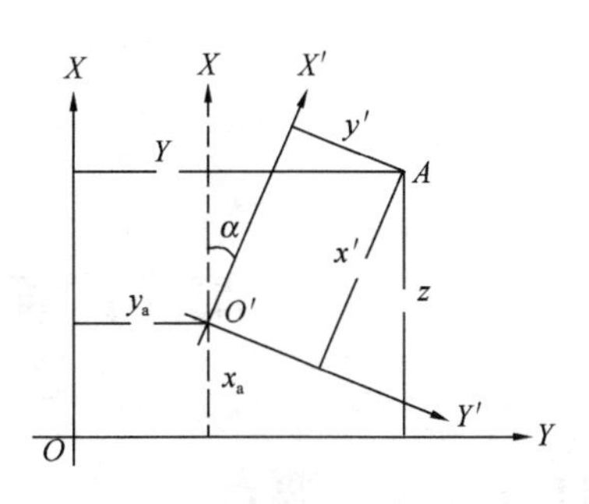

图 10-21　题（11）图

（12）如图 10-22 所示为某管道纵断面水准测量观测数据，试做以下作业：

1）将观测数据填入表中。

2）计算各桩号的地面高程，并作校核。已知 BM_1 高程为 33.254m，BM_2 的高程为 33.260m。

3）根据算得的地面高程，画出纵断面图。纵向比例尺 1∶100。横向比例尺 1∶1000。

4）已知 0+000 的桩号地面高程为 33.279m，设计管底高程为 32.354m，管底设计坡度−5‰，试画出管道设计线，并求管道挖深。

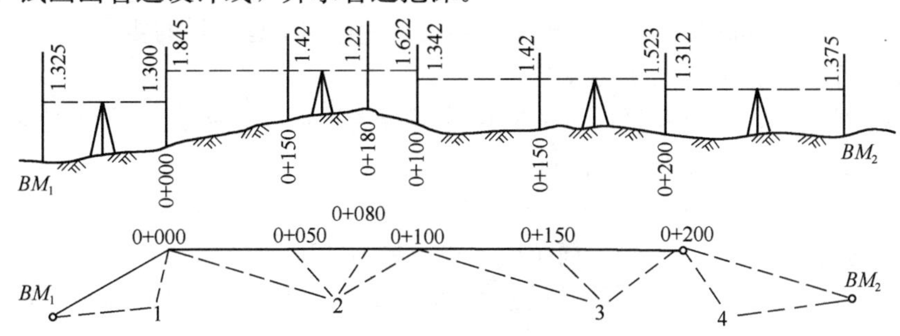

图 10-22　题（12）图

测站	桩号	水准尺读数（m）			视线高程	高　程	备　注
		后　视	前　视	插前视	（m）	（m）	

第11章 工程施工测量

11.1 知识要点

(1) 工程施工测量

1) 工程施工测量内容:

施工控制测量;

施工放样;

竣工测量;

变形测量。

2) 工程施工测量原则:

以从整体到局部,先控制后细部,步步检核为原则。

3) 工程施工测量特点:

①成果应体现设计的意图,满足施工的需要,并达到工程质量的要求;

②测量工作应配合施工进度要求;

③现场工种多样,交通频繁,大量的填挖使现场地面变动较大,故对测量标志的埋设、保护与检查提出严格要求,保证点位有损坏及丢失时能及时恢复。

(2) 工程控制测量网的布设形式

1) 建筑基线:适于场地狭小,简单的布设,最为常用。

2) 建筑方格网:工业和民用建筑的总平面图布置,要求建筑坐标的坐标轴与建筑物的轴线平行。

3) 高程控制网布设:建筑场地内应有足够数量的高程控制点,水准点的密度应尽量满足安置一次仪器就能测设出所需的高程点。

(3) 控制网的特点:施工控制网建立施工平面控制网既可以单独建立,也可用原有地面测图控制网替代。一般是距离丈量相对误差不超过1/10000,测角误差不超过10″。对于民用建筑物,一般选定其外部轮廓轴线的交点为特征点,其高程闭合差不得超过$\pm10\sqrt{N}$(mm);对于工业建筑,一般选定其柱列轴线的交点为特征点,其高程闭合差不得超过$\pm5\sqrt{N}$(mm)。

(4) 民用建筑施工的基本内容包括定位、放线、和抄平等。

放样的精度要求为:

1) 框架式总体位置精度要高于一般建筑物。

2) 建筑物主轴线测设精度高于细部放样精度。

3) 建筑物细部尺寸放样精度,取决于建筑物大小、材料、性质、用途及施工方法,掌握民用建筑施工各阶段放样的基本方法。

(5) 建筑物垂直度的控制测量

低层或多层建筑物的垂直度，一般是在砌筑墙体时由瓦工直接利用垂球来控制，每隔2～3层利用经纬仪投测一次轴线，以便校核；高层或超高层建筑物垂直度的控制，需在建筑物的内部利用铅垂仪或垂球把基础轴线准确地向上层投测来控制建筑物整体的垂直度。当仪器对中整平后可将对中点铅直地向上或向下投测出去，投点误差一般为1/100000。

（6）桥梁施工测量分为三个阶段：勘测设计阶段、工程施工阶段和运营管理阶段。了解布网放样步骤。其特点为：

1）施工阶段，①跨越结构架设的允许误差（与桥长、桥跨及桥型有关）；②桥墩放样的容许误差。因此建立的控制网点位要准确、稳固、满足长期频繁使用的要求。

2）在桥墩主轴线确定后，若使用交会法，可采用诸如全站仪、激光经纬仪等设备，便于边、边或边、角组合进行点位中心定位。

3）在桥梁细部放样时，针对不同对象、放样精度要求有很大差异。

4）施工放样模架时，按一定距离（里程），设置龙门板，并标定控制点位，可加快细部放样速度。

5）桥墩施工一般采用钢模组合成形，为保证桥墩成形时的垂直性，混凝土灌注时一般要在两个垂直方向进行倾斜实时监测及调整。

6）桥体施工时，要注意不同里程处桥体剖面图的尺寸变化，可以把剖面图各特征点坐标（三维）求出，设计数据中的超高、加宽或中线重心偏移改正等在测量放样时也要注意。

（7）道路施工测量贯穿于包括路基开挖，横向、纵向各种坡度控制设置路面施工的全过程，注重地下管线现状及将要施工管线（如井位、走向）布设，以便合理安排工序，不互相影响。了解路基、边桩、竖曲线、路面和涵洞的放线。

1）了解管线施工测量和地下工程施工测量。

2）工程竣工测量：从工程开工时起，就应随时注意搜集有关资料。每一单项工程的地下及隐蔽部分，应在施工过程中根据现场控制网，及时验收测绘编入竣工图。单项工程竣工后，应按有关内容，结合验收进行测定，并在竣工平面图上标出。工程完工后，再根据内容要求，全面核对，补测不足部分，编绘入图。

（8）在工程建筑物施工及运营期间，由于建筑物基础地质、土壤性质不同、大气温度、地下水位季节性变化以及建筑物结构、荷载等影响，建筑物所发生的沉降、位移、挠曲、倾斜裂缝等现象，变形观测就是对这些现象进行全过程的监测，以保证工程建设及运营的安全。包括沉降、水平位移、倾斜和裂缝四类观测。

11.2 例题解析

11.2.1 名词解释

（1）建筑工程施工测量：是指在建筑工程的勘测设计、施工、竣工验收、运营管理等阶段所进行的各种测量工作的总称。

（2）变形观测：在工程建筑物施工及运营期间，由于建筑物基础地质、土壤性质不同、大气温度、地下水位季节性变化以及建筑物结构、荷载等影响，建筑物所发生的沉降、位移、挠曲、倾斜裂缝等现象，变形观测就是对这些现象进行全过程的监测，以保证工程建设及运营的安全。

(3) 线路工程测量：为铁路与公路、石油与燃气管道、水渠与排灌管道、输电与通讯线路及架空索道等线性工程的勘察设计、施工安装与运营管理等阶段所进行的测量工作统称为线路工程测量。

11.2.2 简答题

(1) 简述工程建设三个阶段中工程测量的任务？

1）在工程建设的勘察设计阶段，测量工作主要是提供各种比例尺的地形图，还要为工程地质勘探、水文地质勘探以及水文测验等进行测量。

2）在工程建设的施工建造阶段，主要的测量工作是施工放样和设备安装测量，即把图纸上设计好的各种建筑物按其设计的三维坐标测设到实地上去，并把设备安装到设计的位置上去。为此，要根据工地的地形、工程的性质以及施工的组织与计划等建立不同形式的施工控制网，作为施工放样与设备安装的基础，然后再按照施工的需要进行点位放样。

3）在工程建设的运营管理阶段，为了监视建筑物的安全和稳定的情况，验证设计是否合理、正确，需要定期对位移、沉陷、倾斜以及摆动等进行观测。

(2) 简述工程控制网优化设计的含义？

1）所谓工程控制网的优化设计，广义地说是要在一定的人力、物力、财力的情况下设计出精度高、可靠性强、灵敏度最高（对监测网而言）、经费最省的控制网布设方案。

2）具体说来，就是要根据实际的工程背景设计出最佳的网形，根据对控制网实际的质量要求设计出最佳的观测方案。通过工程控制网的最优化设计，指导测量技术人员选择适当的测绘仪器，制定合理的工作方案，避免进行一些无意义的观测从而大量节省野外工作时间，提高工效，同时还能使方案最大限度地排除粗差的影响。

(3) 与测图控制网相比，施工控制网有哪些特点？

与测图控制网相比，施工控制网有以下特点：

1）控制面积比较小，控制点密度大，精度要求高；

2）控制网使用比较频繁；

3）作业过程受施工干扰大，要求作业速度快，控制点密度大；

4）通常采用独立（施工）坐标系；

5）需要根据工程需要来选择投影面；

6）局部相对精度要求比较高；

7）通常采用独立的高程系统。

(4) 建立工程控制网包括哪几个步骤？

建立工程控制网包括以下 9 个主要步骤：

1）根据工程要求确定控制网的精度（等级）；

2）实地选点（测区踏勘）；

3）根据仪器设备确定初步的观测方案；

4）优化设计；

5）埋石造标，做点之记；

6）根据控制网的形状制订观测纲要；

7）外业观测与质量检核，及时发现粗差和错误，确定重测和补测方案；

8）平差计算与质量评价；

9）提供成果及技术总结报告。

（5）确定施工控制网精度的基本过程是什么？

确定施工控制网精度的基本过程是：

1）根据建筑限差确定放样精度

建筑物放样时的精度要求，是根据建筑物竣工时对于设计的容许偏差（建筑限差）来确定的。建筑物竣工时的实际误差由施工误差（包括构件制造误差、施工安装误差等）和测量放样误差引起的，测量误差只是其中的一部分。

2）根据放样精度确定控制网的必要精度

在确定了建筑物测量放样的精度要求后，就可以利用它们作为起算数据，来推算施工控制网的必要精度。此时，要根据控制网的布设情况和放样工作的条件来考虑控制网误差与细部放样误差之间的比例关系，以便合理地确定施工控制网的精度。

（6）对于大型桥梁施工控制网，试回答下列问题：

1）对控制点点位有何要求？

2）控制网的基本形状有哪几种？

3）坐标系统和投影面是如何选择的？

4）当要求桥墩中心在桥轴线方向上的位置中误差不大于 2cm 时，对于河宽为 800m 的施工控制网，其最弱边的精度应不低于多少？

1）对控制点点位的要求：

①避免放在工地附近或堆放材料的地方；

②避免放在淹没区或土壤松软的地方；

③图形结构简单并具有足够的强度；

④一般应在桥轴线上布设两个控制点；

⑤控制网的边长一般为河流宽度的 0.5～1.5 倍。

2）控制网的基本形状有以下几种：

①双大地四边形；

②单大地四边形；

③双三角形；

④大地四边形与三角形的结合图形；

⑤导线网。

3）坐标系统应采用独立坐标系统，投影面为桥墩顶平面。独立坐标系统定义为：

以桥轴线为纵坐标轴（x 轴），以与桥轴线垂直的方向为横坐标轴（y 轴），坐标原点可以采用位于河流一岸的桥轴线上的一个控制点上，也可以采用位于桥轴线上的其他点。

4）要使控制网边长误差 m 对桥墩定位精度 M 不发生显著影响，要求

$$m \leqslant 0.4M = \pm 0.4 \times 2\text{cm} = \pm 8\text{mm}$$

考虑到边长误差对桥墩定位的最大影响等于边长误差，因此在桥墩定位中，控制网边长误差 m 在数值上应力求小于±8mm。对于河宽为 800m 的施工控制网，其最弱边的精度应不低于 8mm/800m=1/100000。

（7）制定变形监测方案的主要内容有哪些？GPS 用于变形监测的监测模式有哪几种？

制定变形监测方案的主要内容有：

1）监测内容的确定；

2）监测方法、仪器设备和监测精度的确定；

3）施测部位和测点布置的确定；

4）监测周期（频率）的确定。

GPS 用于变形监测的监测模式有：

1）周期性重复测量；

2）连续 GPS 测站阵列；

3）实时动态监测。

（8）现代工程测量的发展趋势和特点可概括为“六化”和“十六字”。这“六化”和“十六字”指的是什么？试举一例对“六化”中的某“一化”进行解释。（合理即可）

现代工程测量的发展趋势和特点可概括为“六化”和“十六字”，其中“六化”指的是：测量内外业作业的一体化；数据获取及处理的自动化；测量过程控制和系统行为的智能化；测量成果和产品的数字化；测量信息管理的可视化；信息共享和传播的网络化。

“十六字”是：精确、可靠、快速、简便、连续、动态、遥测、实时。

例如，测量内外业作业的一体化系指测量内业和外业工作已无明确的界限，过去只能在内业完成的事现在在外业可以很方便地完成。测图时可在野外编辑修改图形 ，控制测量时可在测站上平差和得到坐标 ，施工放样数据可在放样过程中随时计算。

（9）变形监测的目的和意义是什么？

1）变形监测的首要目的是掌握变形体的实际性状，为判断其安全提供必要的信息。

2）变形监测工作的意义主要表现在以下两方面：

① 实用意义：掌握各种建筑物和地质构造的稳定性，为安全性诊断提供必要信息，以及时发现问题并采取措施。

② 科学上的意义：更好地理解变形机理，验证有关工程设计的理论和地壳运动的假设，进行反馈设计以及建立有效的变形预报模型。

（10）变形监测技术的未来发展方向表现在哪几方面？

展望变形监测技术的未来方向，表现在以下几个方面：

1）多种传感器、数字近景摄影、全自动跟踪全站仪和 GPS 的应用，将向实时、连续、高效率、自动化、动态监测系统的方向发展，比如，某大坝变形监测系统是由测量机器人、GPS 和特殊测量仪器所构成的最优观测方案；

2）变形监测的时空采样率会得到大大提高，变形监测自动化为变形分析提供了极为丰富的数据信息；

3）高度可靠、实用、先进的监测仪器和自动化系统，要求在恶劣环境下长期稳定可靠地运行；

4）实现远程在线实时监控，在大坝、桥梁、边坡体等工程中将发挥巨大作用，网络监控是推进重大工程安全监控管理的必由之路。

（11）变形分析研究的发展趋势表现在哪几方面？

展望变形分析研究的未来，其发展趋势将主要体现在如下几个方面：

1）数据处理与分析将向自动化、智能化、系统化、网络化方向发展，更注重时空模型和时频分析（尤其是动态分析）的研究，数字信号处理技术将会得到更好应用。

2）会加强对各种方法和模型的实用性研究，变形监测系统软件的开发不会局限于某一固定模式，随着变形监测技术的发展，变形分析新方法的研究将会不断涌现。

3）由于变形体变形的不确定性和错综复杂性，对它的进一步研究呼唤着新的思维方式和方法。由系统论、控制论、信息论、耗散结构论、相同学、突变论、分形与混沌动力学等所构成的系统科学和非线性科学在变形分析中的应用研究将得到加强。

4）几何变形分析和物理解释的综合研究将深入发展，以知识库、方法库、数据库和多媒体库为主体的安全监测专家系统的建立是未来发展的方向，变形的非线性系统问题将是一个长期研究的课题。

(12) 简述高层建筑物施工的特点？

1）一般要建立外控制网和内控制网相结合的施工控制网；

2）高层建筑物各层面的竖直度是建筑质量的重要指标；

3）内控制网是各层面细部点放样的依据；

4）高层建筑物从施工开始到竣工以及竣工后的使用阶段，都要进行变形观测；

5）应根据高层建筑物设计与施工要求，进行施工控制网的优化设计，确定放样精度和测量作业方法，要进行必要的检测和复测；

6）高层建筑的施工条件复杂，高空作业的难度大，空间有限，多工种交叉，施工测量的各种测量工作必须与施工同步进行且要服从整个施工的计划和进程。

(13) 建筑施工测量的主要内容有哪些？施工测量精度决定于哪些因素？

测量施工的主要内容有：

1）建立施工平面和高程控制网；

2）建筑物、构筑物的详细放样；

3）编绘建筑场地的竣工总图；

4）对建筑物、构筑物进行变形观测。

施工测量的精度主要取决于工程性质，建筑物的大小高低，使用的建筑材料，施工方法等因素。

(14) 施工测量前的准备工作有哪几项主要内容？

1）了解工程总体情况：包括工程规模，设计图纸，现场情况及施工安排。

2）检校各种测量仪器与工具。

3）了解设计意图，校核有关设计图纸。

4）校核平面控制点和水准点

5）制定施工测量方案

(15) 什么是建筑物定位、放线和验线？

建筑物定位就是把建筑物外廓各轴线的交点，也称为角桩放样在地面，作为放样基础和细部的依据。

建筑物放线就是根据建筑物外廓的交点桩，放样其他细部线到实地的测量工作。

建筑物验线就是对已放样到实地的建筑物和细部轴线进行测量工作。

(16) 建筑物轴线竖向投测的方法有哪几种？其允许的相对误差为多少？

建筑物轴线竖向投射方法有吊线坠投测法、经纬仪投测法、光学铅直仪法和激光铅直仪法。轴线竖向投测允许相对误差为1∶4000～1∶6000。

（17）向施工层上传递高层的方法有哪几种？其允许的相对误差为多少？

传递高程的方法有皮数杆法、钢尺直接丈量法、悬挂钢尺法、全站仪三角高程测量法和全站仪天顶测量法。

传递高程的允许相对误差一般为1∶3000～1∶6000。

（18）编绘竣工总平面图的目的是什么？

1）在施工过程中，由于设计有所变更，是建筑物竣工后的平面位置与原设计位置不一致，通过测量反映在竣工总平面上。

2）为工程竣工后的管理、维修、扩建、改建提供可靠依据和图纸资料。

3）验收与评价工程质量的依据之一。

11.2.3 计算题

（1）如图11-1所示，水准点A的高程为17.500m，欲测设基坑水平桩C点的高程为13.960m，设B点为基坑的转点，将水准仪安置在A、B间时，其后视读数为0.762，前视读数为2.631m，将水准仪安置在基坑底时，用水准尺倒立于B、C点，得到后视读数为2.550m，当前视读数为多少时，尺底即是测设的高程位置？

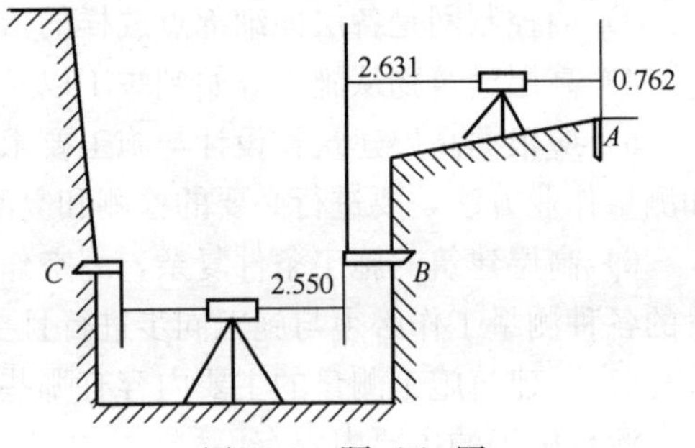

图11-1 题（1）图

【解析】 根据水准测量原理，如下图所示，有

$$H=(H_i+a-b)+(d-c)$$

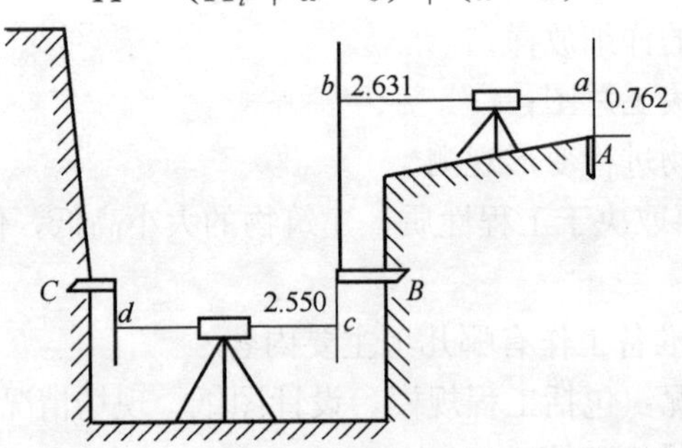

则前视读数d为 $d=H_c-(h_i+a-b)+c$

将已知数据代入上式得：

$$d=H_c-(H_i+a-b)+c=13.960-(17.500+0.762-2.631)+2.550=0.879\text{m}$$

即当前视读数为0.879m时，尺底即是测设的高程位置。

（2）图11-2为某桥梁施工控制网和桥墩（部分）示意图。A、B、C等为施工控制网点，P_1、P_2点为加密点，q_1、q_2为设计桥墩位置，部分需要的数据列入下表中。现计划在B、P_1、P_2点上安置仪器，采用方位角前方交会方法放样桥墩q_1、q_2位置（设此时桥墩已经出水），试完成下述内容：

1）计算并绘图表示采用方位角前方交会方法放样桥墩q_1位置时的放样要素；

2）以放样q_1位置为例，说明在现场是如何进行放样的？

3）采用前方交会方法放样点的平面位置有何缺点？

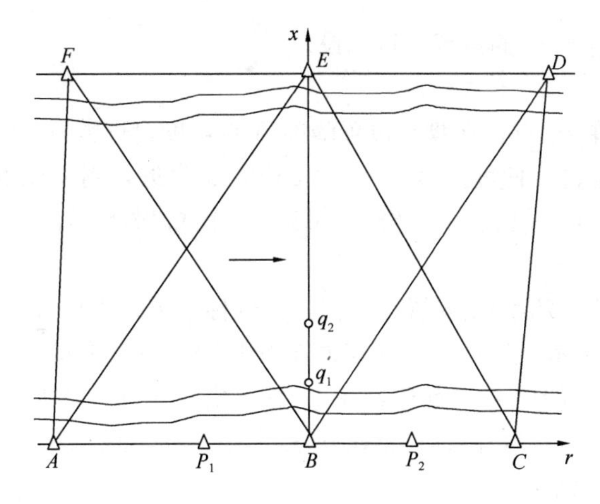

图 11-2 桥梁施工控制网

数 据 表

点 号	x（m）	y（m）
A	0	−1000.000
B	0	0
C	0	1000.000
P_1	0	−400.000
P_2	0	400.000
q_1	200.00	0
q_2	400.000	0

【解析】

1）计算采用方位角前方交会方法放样桥墩 q_1 位置时的放样要素

如图 11-3 所示，采用方位角前方交会方法放样桥墩 q_1 位置时所需放样要素有 α_{P_1L}、$\alpha_{P_1q_1}$、$\alpha_{P_2q_1}$、α_{P_2B}、α_{Bq_1}。

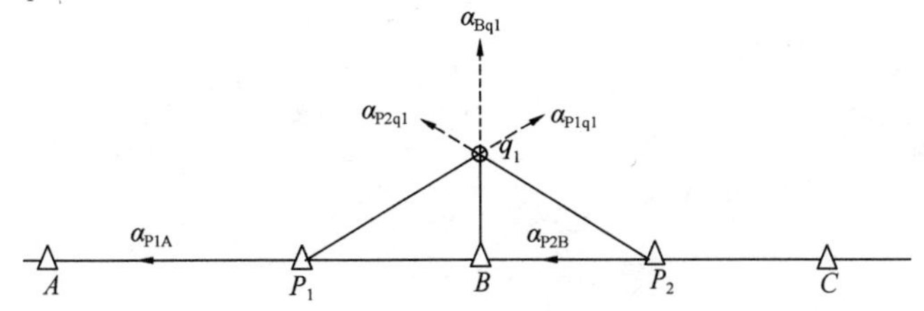

图 11-3 方位角前方交会方法放样示意图

根据设计数据，由坐标方位角反算公式即

$$\alpha_{ij} = \arctan\frac{y_j - y_i}{x_j - x_i}$$

将数据表中的数据代入计算得：

$$\alpha_{P_1L} = \alpha_{P_2B} = \alpha_{P_2B} = 270°00'00'', \alpha_{P_1q_1} = 63°26'05.8''$$
$$\alpha_{P_2q_1} = 296°33'54.2'', \alpha_{Bq_1} = 0°0'0''$$

利用这些数据即可对桥墩 q_1 的位置进行测设。

2）现场进行放样

①将经纬仪安置在 P_1 点，在盘左位置瞄准 A 点，度盘读数置 270°00′00″。

②顺时针旋转照准部，使度盘读数在 63°26′05.8″附近，制动照准部。以水平微动螺旋微动照准部，使度盘读数精确为 63°26′05.8″。在桥墩上标出此方向线，即为 p_1q_1 方向。

③类似方法，在 B、P_2 测站安置经纬仪，分别标定 Bq_1 方向和 P_2q_1 方向。

④若在 q_1 点上出现示误三角形，且其边长小于 2cm 时，可将非桥轴线交点投影到桥轴线上，以其为桥墩 q_1 的中心位置；若在 q_1 点不出现示误三角形，三方向正好交于一点，则该交点为桥墩 q_1 的中心位置；若在 q_1 点上出现的示误三角形的边长大于 2cm 时，则应检查原因重新进行放样。

3）采用前方交会方法放样点的平面位置的缺点有：

① 一方向作业时，其他方向不能进行作业；

② 放样时间长，影响施工；

③ 只适用于已出水桥墩这样的固定建筑物位置的放样。

11.3 思考练习

（1）什么是建筑红线？施工前如何校测已有建筑红线桩？

（2）建筑场地最常用的平面控制网的形式有哪些？建筑方格网的主要技术要求有哪些？

（3）建筑物的平面控制网最常用的形式有哪些？其主要技术指标有哪些？

（4）测量坐标系 XOY 与施工坐标系 $X'O'Y'$ 的坐标如何换算？

（5）建筑场地高程控制测量最常用的方法有哪几种？光电测距三角高程测量主要技术指标有哪些？

（6）建筑物产生变形的原因是什么？变形观测的目的是什么？

（7）变形观测的任务和主要内容是什么？

参考文献

［1］ 伊廷华，李宏男．结构健康监测-GPS 监测技术．北京：中国建筑工业出版社，2009

［2］ 李宏男，伊廷华．结构防灾、监测与控制．北京：中国建筑工业出版社，2008

［3］ 伊廷华，袁永博．测量实验及实习指导教程．北京：中国建筑工业出版社，2009

［4］ 伊晓东，金日守，袁永博．测量学教程(第二版)．大连：大连理工大学出版社，2008

［5］ 合肥工业大学等．测量学(第四版)．北京：中国建筑工业出版社，2002

［6］ 顾孝烈，鲍峰，程效军等．测量学．上海：同济大学出版社，2006

［7］ 臧德彦，郭九训，鲁铁定．制测量学实习指导与习题集．北京：兵器工业出版社，2004

［8］ 张正禄．工程测量学习题课程设计和实习指导书．武汉：武汉大学出版社，2008

［9］ 刘星，吴斌．工程测量实习与题解．重庆：重庆大学出版社，2004

［10］ 河海大学测绘科学与工程系．测量学习题及实验指导书．江苏：河海大学出版社，2010